燃煤电厂烟气脱硝技术及典型案例

国网湖南省电力有限公司电力科学研究院
湖南省湘电试验研究院有限公司　组编

陶　莉　主编

U0261518

中国电力出版社
CHINA ELECTRIC POWER PRESS

内 容 提 要

本书从工程实用出发，较为全面、系统地阐述了最新的燃煤电厂烟气脱硝工艺的理论知识和工程技术，并针对工艺种类、流场优化及模型试验、SCR 脱硝催化剂、脱硝还原剂、脱硝系统调试、脱硝系统性能试验以及脱硝系统案例及故障处理等方面进行详细解读。

本书适用于从事燃煤电厂脱硝系统设计、建设、安装、调试、运行、检修等方面的工程技术人员和管理人员参考使用。

图书在版编目（CIP）数据

燃煤电厂烟气脱硝技术及典型案例/陶莉主编；国网湖南省电力有限公司电力科学研究院，湖南省湘电试验研究院有限公司组编．—北京：中国电力出版社，2019.7
　ISBN 978-7-5198-3370-1

　Ⅰ．①燃…　Ⅱ．①陶…　②国…　③湖…　Ⅲ．①燃煤发电厂－烟气－脱硝
Ⅳ．①X773.017

　中国版本图书馆 CIP 数据核字（2019）第 135509 号

出版发行：中国电力出版社
地　　址：北京市东城区北京站西街 19 号（邮政编码 100005）
网　　址：http://www.cepp.sgcc.com.cn
责任编辑：畅　舒（010-63412312）
责任校对：黄　蓓
装帧设计：赵丽媛
责任印制：吴　迪

印　　刷：三河市万龙印装有限公司
版　　次：2019 年 7 月第一版
印　　次：2019 年 7 月北京第一次印刷
开　　本：710 毫米×1000 毫米　16 开本
印　　张：10.75
字　　数：139 千字
印　　数：0001—2000 册
定　　价：48.00 元

《燃煤电厂烟气脱硝技术及典型案例》
编　委　会

　　燃煤电厂中煤燃烧产生的污染物，是我国目前大气污染物的主要来源之一，据有关部门统计，我国 80%的电力能源、70%的化工燃料、60%的化工原料和 80%的供热燃料均来自煤。与此同时，我国以煤电为主的能源结构，在短期内不会有根本改变。作为燃煤烟气中的主要污染物，NO_x 的治理与减排技术，已成为人们高度关注的焦点。

　　目前国内已有不少关于燃煤烟气脱硝技术的著作和科技文献，但结合工程实际，从燃煤火电工程脱硝技术的调试、试验、运行和检修角度系统地介绍现有脱硝技术的资料还略显不足。有鉴于此，本书基于现场生产实践编著，内容涵盖脱硝系统的工艺设计、系统调试、运行优化和故障处理 4 个方面，从而为相关科研人员和电厂运行人员提供了详细的参考资料。

　　本书共分为 7 章，第 1 章为燃煤电厂烟气脱硝技术概况，第 2 章介绍了燃煤电厂脱硝技术原理，第 3 章介绍了脱硝系统流场优化及模型试验，第 4 章介绍了脱硝催化剂，第 5 章介绍了脱硝系统还原剂，第 6 章介绍了脱硝系统调试与性能试验，第 7 章介绍了脱硝系统案例及故障处理。

　　由于作者的水平和经验有限，书中难免有些许缺陷和不足，敬请读者批评指正。

编者

2019 年 6 月

目 录

第1章

燃煤电厂烟气脱硝技术概况

1.1　燃煤电厂脱硝技术研发背景

氮氧化物（NO_x）主要包括 NO 和 NO_2，是导致酸雨、破坏臭氧层、形成光化学烟雾、造成温室效应的主要污染物之一，严重威胁人类的生活环境。2015 年全国 NO_x 排放总量达到 1851 万 t，预计到 2020 年，NO_x 排放总量将超过 2900 万 t。NO_x 主要来源于煤的燃烧，燃煤烟气排放的 NO_x 约占全国 NO_x 总排放量的 90%。我国是世界上最大的煤炭生产国和消费国，2015 年全国煤炭能源消费总量为 397014.1 万 t，其中发电中间消费煤 179318.0 万 t，电力行业拥有较大的 NO_x 排放量，因此大力发展燃煤电厂脱硝技术是整治环境污染、改善空气质量的重要举措。

近年来，我国在氮氧化物治理方面适应科学发展的需要，不断提出更高的要求。生态环境部于 2011 年 7 月 29 日发布《火电厂大气污染物排放标准》（GB 13223—2011），规定自 2014 年 7 月 1 日起火力发电锅炉对于氮氧化物（NO_x）的排放将全面执行低于 $100mg/m^3$ 的新标准。随即国家发改委、生态环境部、国家能源局三部委于 2014 年 9 月 12 日发布《煤电节能减排升级与改造行动计划（2014—2020 年）》，进一步对燃煤机组氮氧化物排放提出新要求，既东部地区（辽宁、北京、天津、河北、山东、上海、江苏、浙江、福建、广东、海南 11 省市）新建燃煤发电机组大气污染物排放浓度基本达到燃气轮机组排放限值（在基准氧含量 6% 条件下，

$NO_x \leq 50mg/m^3$），中部地区（黑龙江、吉林、山西、安徽、湖北、湖南、河南、江西 8 省）新建机组原则上接近或达到燃气轮机组排放限值，鼓励西部地区新建机组接近或达到燃气轮机组排放限值；东部地区现役 30 万 kW 及以上公用燃煤发电机组、10 万 kW 及以上自备燃煤发电机组以及其他有条件的燃煤发电机组，改造后大气污染物排放浓度基本达到燃气轮机组排放限值，鼓励其他地区现役燃煤发电机组实施大气污染物排放浓度达到或接近燃气轮机组排放限值的环保改造。2015 年 7 月 16 日，环保部在发布的《关于编制"十三五"燃煤电厂超低排放改造方案的通知》中提出，在《煤电节能减排升级与改造行动计划（2014—2020 年）》原有的任务基础上，进一步要求有条件的企业将原计划 2020 年完成的超低排放任务提前至 2017 年完成，对东部地区的要求扩展到全国，脱硝形势严峻。生态环境部、国家发展和改革委员会、国家能源局于 2015 年 12 月 11 日发布《全面实施燃煤电厂超低排放和节能改造工作方案》，旨在推动《煤电节能减排升级与改造行动计划（2014—2020 年）》"提速扩围"，即将东部地区原计划 2020 年前完成的超低排放改造任务提前至 2017 年前总体完成；将对东部地区的要求逐步扩展至全国有条件地区，其中，中部地区力争在 2018 年前基本完成，西部地区在 2020 年前完成，其中特别提到"推动实施烟气脱硝全工况运行"。

"十二五"以来，党中央、国务院把生态文明建设和环境保护摆上更加重要的战略位置，做出一系列重大决策部署，环境保护取得积极进展，我国安装脱硝设施的煤电机组由 0.8 亿 kW 增加到 8.3 亿 kW，安装率由 12% 增加到 92%。目前燃煤电厂大多通过锅炉升级改造、低氮燃烧器改造、选择性催化还原（SCR）烟气脱硝系统改造、选择性非催化还原（SNCR）烟气脱硝工艺改造、锅炉配煤掺烧、优化运行调整等手段实现 NO_x 减排。

1.2　燃煤电厂脱硝技术种类

脱除燃煤电厂烟气中 NO_x 的技术可分为燃烧前脱硝技术、燃烧中脱硝技术、燃烧后脱硝技术和综合脱硝技术四类。

燃烧前脱硝技术是通过一定的物理或化学方法对燃料进行前处理进而达到 NO_x 减排的目的，常采用加氢脱硝、洗选或配煤技术等方法提高煤的质量，减少 NO_x 的生成。加氢脱硝是使煤中的芳烃、烯烃选择性加氢饱和，将氮、硫等化合物氢解；煤的洗选是通过对煤进行处理除去煤中的灰分、矸石、硫等杂质，并根据煤的种类、粒度、灰分等将其分成不同等级；配煤技术则是将不同种类、等级的煤按照优化的比例搭配燃烧，以提高煤燃烧效率或降低污染气体的排放。加氢脱硝技术要求高，工艺尚不成熟，对煤质要求高，我国符合加氢要求的理想煤储量不多；洗选和配煤技术具体方案实施难度大，成本较高，脱硝效果不显著，因此燃烧前脱硝技术工业应用不多。

燃烧中脱硝技术是通过改变燃烧条件或燃烧方法等手段降低 NO_x 的生成量，包括低氮燃烧、低氧燃烧、分级燃烧、烟气再循环等技术。该类方法投资低，但脱硝效率不高。

燃烧后脱硝技术是通过一定的方法除去排放烟气中的 NO_x，主要有干法和湿法两类。干法中的 SCR 技术成熟、脱硝效率高，是目前国内外工业脱硝的主导技术，但存在投资高、催化剂再生费用高、氨易逸出等问题。2015 年环保部办公厅将废弃脱硝催化剂归为危险废弃物进行管理，使得废弃催化剂的处理成为该技术应用中的又一道难题。和干法相比，湿法脱硝技术具有投资低、二次污染小等优点，是脱硝技术发展的重要方向。

综合脱硝技术是综合前三种方法，互相配合完成降低 NO_x 的方法，目前燃烧中脱硝技术（低氮燃烧、低氧燃烧、分级燃烧）+燃烧后脱硝技术

（SNCR、SCR），为综合脱硝技术主流，同时辅以合理配煤技术，可将燃煤发电机组 NO_x 排放量控制在小于 $50mg/m^3$，达到超低排放标准，是一种相对经济有效的脱硝方法。

1.3　技术发展与现状

1.3.1　脱硝燃烧控制技术

1.3.1.1　脱硝燃烧控制原理

燃烧过程中生成的 NO_x 包括热力型、燃料型和快速型三种类型组成。热力型 NO_x 生成的决定因素是温度，生成量随燃烧按指数规律增加。温度低于 1350℃时，NO_x 生成量很小，但在 1500℃以上 NO_x 生成量快速增加，排放量与燃料型 NO_x 接近。脱硝燃烧控制技术的关键就是控制热力型 NO_x 生成，需要考虑的主要因素为：①空气—燃料比；②燃烧区的温度及其分布；③后燃烧区的冷却程度；④燃烧器的设计形状等。可以说各种脱硝燃烧控制技术均是考虑以上因素发展起来的。目前，脱硝燃烧控制技术主要有低氧燃烧、空气分级燃烧、燃料分级燃烧、烟气再循环、低 NO_x 燃烧器等。

1.3.1.2　脱硝燃烧控制工艺

低氧燃烧是使燃烧过程尽可能在接近理论空气量的条件下进行，随着烟气中过量氧的减少，可以抑制 NO_x 的生成，可降低 NO_x 排放 15%～20%。空气分级燃烧是将二次风中的部分风（10%～20%）引入炉膛主燃区上部，减少主燃区的氧含量。主燃区风量只有原来的 80%～90%，燃料在缺氧富燃条件下燃烧，燃烧温度降低，同时生成大量 CO 等还原物质，将 NO_x 还原，在燃烧装置末端第 2 次通空气，使第 1 阶段不完全燃烧产物 CO 和 HC 完全燃尽（贫燃料富氧条件）。燃料分级燃烧是首先只送入部分燃料，使燃料在富氧条件下燃烧；之后再将剩余燃料送入炉膛，使其在富燃料缺氧环境下燃烧并生成 NH_3 和 CO 等还原剂，与 NO 发生还原反应生成 N_2，由此抑制 NO_x 生成。烟气再循环是将锅炉尾部（或空预器前抽取）部分低温烟气直接送入炉膛或与一次风、二次风混合后送入炉内，降低了燃烧区域的温度和氧浓度，由此降低 NO_x 的生成量。当烟气再燃循环率为 15%～20% 时，可降低 NO_x 生成量。低 NO_x 燃烧器是根据燃烧过程中降低 NO_x 生成的原理而设计的新型燃烧器，主要有：空气分级低氮直流燃烧器、空气分级低氮旋流燃烧器、空气/燃料分级低氮燃烧器等。循环流化床锅炉也是氮氧化物排放的先进技术，循环流化床锅炉炉膛的燃烧温度低（850～950℃），产生的热力型 NO_x 很少，加上分级燃烧，有效抑制燃料型 NO_x，因此有效降低了 NO_x 排放。

1.3.2　烟气脱硝技术

目前烟气脱硝技术种类繁多，按脱硝过程是否加水和脱硝产物的干湿形态，烟气脱硝分为湿法烟气脱硝技术和干法烟气脱硝技术。

1.3.2.1　干法烟气脱硝技术

1. 选择性催化还原

SCR（selective catalytic reduction）法是采用 NH_3（也可以是尿素、H_2、HC 和 CO 等）作为还原剂，将 NO_x 还原成 N_2 和 H_2O。NH_3 选择性地只与 NO 反应，而不与烟气中的 O_2 反应，O_2 又能促进 NH_3 与 NO 的反应。SCR 脱硝装置主要包括 SCR 反应器、辅助系统、还原剂制备及储存系统和喷氨系统。SCR 的核心是 SCR 脱硝催化剂，通常被制成蜂窝式、板式或波纹式。SCR 催化剂分为高温（345～590℃）、中温（260～380℃）和低温（80～300℃），不同催化剂适宜的反应温度不同，钒钨钛系催化剂的活性温度窗口为 320～420℃，最佳反应温度窗口集中在 340～380℃。催化剂载体包括 TiO_2、TiO_2/SiO_2、$TiO_2/$硅酸盐、Al_2O_3/SiO_2 和活性炭等，载体可以是单组分也可以是多组分；其催化活性组分元素从 W、Mo 和 V 的氧化物向含 Fe、Ce、Mn、Bi 和 Cu 等元素的复合氧化物发展，同时，也有沸石分子筛、碳基催化剂、金属氧化物等催化剂。催化剂性能考察包括活性、稳定性、SO_2/SO_3 转化率、NH_3 逃逸、机械强度等。SCR 反应通常在 250～450℃进行，在 NH_3/NO 摩尔比为 1 时，脱硝效率可达 80%～90%，SCR 脱硝反应效率最高达 90%。SCR 脱硝技术是目前国际上应用最为广泛的烟气脱硝技术，优点是没有副产物、不形成二次污染、装置结构简单、技术成熟、脱硝效率高、运行可靠、便于维护，缺点是催化剂失活和尾气中残留 NH_3，在有氧条件下，SO_3 与过量 NH_3 反应生成具有腐蚀性和黏性的 NH_4HSO_4，可导致尾部烟道设备损坏。SCR 催化剂平均寿命约为 3 年。SCR 催化剂失活机理复杂，不同煤种导致不同的烟气组分和不同的 SCR 脱硝催化剂配方和成型工艺，引起 SCR 催化剂失活机理不同。通常 SCR 催化剂失活包括碱金属（Na、K）中毒、铵盐中毒、催化剂堵塞、机械磨损、飞灰冲刷催化剂表面导致有效成分流失、热烧结导致载体 TiO_2 晶型转变等。再生手段包括：高效清洗，如真空吸尘或压缩空气吹灰、超声清洗和清洗液浸泡或喷淋；活性成分补充，如活性组分再浸渍和焙烧等措施。

2. 炉内喷射脱硝技术

炉内喷射脱硝技术被称为选择性非催化还原脱硝（selective non-catalytic reduceion，SNCR）技术，主要过程是在炉膛上部喷射某种还原剂，使其在一定温度和没有催化剂条件下，通过产生自由基与 NO_x 反应，把 NO_x 还原成 N_2 和 H_2O，降低 NO_x 的排放量。还原剂包括水、二次燃料、氨或尿素等，最常用的是氨。NH_3 还原 NO_x 的反应只能在 950～1050℃这一温度范围内进行。一般来说，SNCR 脱硝效率对大型燃煤机组可达25%～40%，对小型机组可达 80%。SNCR 的缺点是氨逃逸浓度高、易造成炉内腐蚀、脱硝效率低等。SNCR 与其他技术，如 SCR、再燃烧技术、低 NO_x 燃烧器等技术的联合、联用是脱硝技术的一个重要发展方向。

1.3.2.2　吸附—再生法

让烟气通过可循环再生的固体吸附材料去除 NO_x。可用的活性吸附材料有以分子筛、活性焦、活性炭、氧化铜、活性氧化铝、硅胶和含 NH_3 泥煤为载体吸附的材料。吸附再生法存在压降大、吸附剂磨损等问题。

1.3.2.3　湿法烟气脱硝技术

燃烧烟气中 95%以上的 NO_x 为 NO，难溶于水，湿法烟气脱硝技术是用水以外的溶解介质，例如酸，特别是硝酸来吸收 NO，或先将 NO 氧化为易溶于水或碱的 N_2O_5 和 NO_2，再进行吸附或吸收。

1. 氧化法

氧化法采用强氧化剂，如臭氧、双氧水、氯氧化物等，将烟气中的 NO 氧化为易溶于水或碱的 N_2O_5 和 NO_2，并在后续湿法脱硫中实现脱除。目前广泛研究的液相氧化剂有 HNO_3、$KMnO_4$、$NaClO_2$、$NaClO$、H_2O_2、$KBrO_3$、K_2CrO_7、Na_2CrO_4、$(NH_4)_2CrO_7$ 等。氧化催化剂有 V_2O_5（酸性溶液中）、活性炭、分了筛等。氧化法中尤以臭氧法的应用最为广泛，臭氧法氧化生成的 N_2O_5 极易溶于水而生成 HNO_3 并在烟气脱硫的过程中与碱类物质反应生成 $NaNO_3$、$Mg(NO_3)_2$ 等无机盐。氧化吸收脱硝存在一些缺点，如吸收过程产生的酸性废液难以处理、对设备要求高等。

2. 络合吸收法

烟气中 NO_x 主要以 NO 的形式存在，而 NO 又基本不溶于水，无法进入液相介质中。为此，湿式络合吸收法的原理是利用一些金属螯合物，如 Fe（E）·EDTA、Fe（NTA）、Fe（II）-EDTA、Fe（II）-EDTA-Na_2SO_3 以及 $FeSO_4$ 等与溶解的 NO_x，特别是 NO 迅速反应形成络合物，络合物加热释放出 NO，从而使 NO 富集回收或进一步做还原或氧化处理。络合吸收法 NO_x 脱除率较高。但螯合物的循环利用比较困难，在反应中螯合物会有损失，吸收液易失活，再生困难，利用率低，废液处理复杂，运行费用很高。

3. 酸吸收法

酸吸收法脱硝是用酸类物质，如硝酸对烟气中的 NO_x 进行吸收，这是因为 NO_x 在酸中的溶解度远高于在水中的溶解度。NO_x 可充分地被浓硫酸吸收，利用此性质，可以把 NO 和 NO_2 吸收到浓硫酸中，制成亚硝酸硫酸（$NOHSO_4$）并回收。酸吸收法的脱硝效率受吸收温度和压力等因素影响，技术上存在耗能高、吸收过程中对酸的循环量要求很大等问题。

4. 碱吸收法

碱吸收法脱硝是用一些碱性溶液作为吸收剂，例如 NaOH、KOH 和 $NH_3 \cdot H_2O$ 溶液等。碱吸收法脱硝工艺比较简单，同时可回收脱硝产物（亚硝酸盐和硝酸盐等），但也存在着脱硝效率不高、对烟气中 NO_x 的浓度有限制等缺点。

1.3.2.4　烟气同时脱硝脱硫技术

1. 活性炭法

该工艺主体设备是一个类似于超吸附塔的活性炭流化床吸附器，在吸附器内，烟气中的 SO_2 被氧化成 SO_3 并溶于水中，产生稀硫酸气溶胶，随后由活性炭吸附。向吸附塔内注入氨，氨与 NO_x 在活性炭催化还原作用下生成 N_2，吸附有 SO_2 的活性炭可进入脱附器中加热再生。该工艺脱硫率可达 95%，脱硝效率可达 50%～80%。由于活性炭法可有效实现硫的资源化，同时脱硫脱硝也降低了烟气净化费用。因此该工艺的商业化前景较好。

2. SNO_x（$WSA\text{-}SNO_x$）法

$WSA\text{-}SNO_x$ 法是湿式洗涤并脱除 NO_x（wet scrubbing additive for NO_x removal）技术。在该工艺中烟气首先经过 SCR 反应器，NO_x 在催化剂作用下被氨气还原为 N_2，随后烟气进入改质器中，SO_2 在此被固相催化剂氧化为 SO_3，SO_3 经过烟气再热器 GGH 后进入 WSA 冷凝器被水吸收转化为硫酸。采用 SNO_x 技术，SO_2 和 NO_x 的脱除率可达 95%。SNO_x 技术除消耗氨气外，不消耗其他的化学品，不产生其他湿法脱硫产生的废水、废弃物等二次污染，不产生石灰石脱硫产生的 CO_2，不足之处是能耗较大，投资费用较高，而且浓硫酸的储存及运输较困难。

3. $NO_x SO$ 法

在电除尘器（EP）下游设置流化床吸收塔（FB），用硫酸钠浸渍过的 $\gamma\text{-}Al_2O_3$ 圆球作为吸收剂，吸收剂吸收 NO_x、SO_2 后，在高温下用还原性气体（CO、CH_4 等）进行还原，生成 H_2S 和 N_2。该工艺脱硫率达 90%，脱硝效率为 70%～90%。反应后的吸收剂需要加热或化学反应再生才能重新使用，产物需回收，因此成本较高，工艺复杂。

4. 高能粒子射线法

高能粒子射线法包括电子束（EBA）工艺和等离子体工艺，原理是利用高能粒子（离子）将烟气中的部分分子电离，形成活性自由基和自由电子等，氧化烟气中的 NO_x。这种技术不仅能去除烟气中的 NO_x 和 SO_2，还能同时去除重金属等物质。典型工艺过程依次包括：游离基的产生，脱硫脱硝反应，硫酸铵、硝酸铵的产生。主要有电子束照射技术和脉冲电晕等离子体技术。电子束照射技术脱硝效率可达到 75% 以上，不产生废水和废渣。脉冲电晕等离子体技术可同时脱硫、脱硝和除尘，但是耗能较大，目前对其反应机理还缺乏全面的认识。这类脱硫脱硝工艺脱硫率可达 90% 以上，脱硝效率达 70% 以上，具有反应速度快、耗水量小、不需要排水处理设施、设备适应性强、占地面积小、便于操作等优点，缺点是能耗较高、液氨储运困难等。

5. 湿式 FGD 加金属螯合物法

FGD 中使用烟气脱硫脱硝吸收液，包括石灰或石灰石浆液、占石灰或石灰石浆液的水溶性有机酸和占石灰或石灰石浆液的铁系或铜系金属螯合物。金属螯合物工艺的缺点是螯合物的循环利用比较困难，因为在反应中螯合物有损失，造成运行费用很高。

6. 氯酸氧化法

由于氯酸（HClOO）的强氧化性，采用含有氯酸的氧化吸收液可以同时脱硫脱硝，脱硫率可达98%，脱硝效率达95%以上，还可以脱除有毒的微量金属元素，如 As、Be、Cd、Cr、Pb、Hg 和 Se。除了采用氯酸脱硫脱硝外，采用 $NaClO_3$/NaOH 同时脱除 SO_2 和 NO_x 也获得较好的效果。该工艺不存在催化剂中毒或失活等问题，适用性强，对入口烟气浓度的限制范围不严格，缺点是容易对设备造成强腐蚀，另外，氧化剂的回收、吸收废弃后的溶液的处理等较为困难。

1.3.3 脱硝新技术

大气污染的治理需求推动了脱硝技术的进步，新型脱硝技术不断涌现，其中以光催化法和电环境技术最为典型，发展迅速。

1.3.3.1 光催化法

光催化法是近十几年发展起来的一种新型污染物处理工艺，其脱除 NO_x 的研究分为光催化还原和光催化氧化两类。光催化还原是在光催化剂的作用下，借助氨、甲醇等还原剂，使 NO_x 发生还原反应转化为 N_2 和 O_2 除去，其缺点是需消耗还原剂，且氨等还原剂的使用存在安全、腐蚀设备及易造成二次污染等问题。光催化氧化的原理是用一定强度的光照射半导体催化剂，激发半导体材料上的价带电子发生跃迁进入导带，同时价带产生空穴，导带电子、价带空穴分别具有很强的还原性和氧化性，当它们和烟气接触时，吸附在催化剂表面的 O_2、H_2O、NO_x 等会在催化剂的作用下产生活性自由基，进而发生催化氧化反应将 NO_x 转化为 NO_3^- 脱除，由于其不需使用还原剂，工艺简单，成本低廉，是目前光催化技术研究的重点。可用于光催化氧化的催化剂主要为金属氧化物、硫化物等半导体材料，TiO_2 具有光化学稳定、催化活性高和价格低等优点，是光催化反应中最常用的催化材料，但其禁带宽，只能吸收波长小于 387nm 的紫外光，常用紫外光激发（波长 300～400nm，占地面太阳光能的 4%～6%），而且光生载流子复合概率较高，这些因素限制了其在工业上的应用。为了改进光催化剂的性能，许多学者对其做了改性研究，目前关于 TiO_2 的改性主要有贵金属沉积、金属离子掺杂、非金属元素掺杂、半导体复合以及光敏化等途径，其中金属离子掺杂又包括过渡金属离子、稀土金属离子等。光催化氧化技术反应条件温和、能耗低、无二次污染、可同时脱硫脱硝，且能很好地融合到湿法脱硝技术中，是改进和优化湿法脱硝工艺的有效措施，其关键在于光催化剂的研制，拓宽 TiO_2 的响应范围，提高其光能利用率，提高脱硝效率。该技术目前仍处于实验室研究阶段，工业使用有待时日。

1.3.3.2　电环境技术

电环境技术是一种新兴的利用电力辅助治理污染物的技术，主要原理是借助电在水、空气等物质中产生的物理和化学作用改变污染物的特性，将其转化成无害或易于除去的物质。常见的用于脱硝的电环境技术有电辅助催化法、等离子体活化法、电催化氧化法等，其中以等离子体活化法的研究与应用最广泛。电辅助催化脱硝技术的原理是通过在电极上施加电压，利用电流或电压的变化激发电极或催化剂表面的活性基团，促进 NO_x 在电极或催化剂表面发生的电化学或氧化还原反应，进而实现 NO_x 的氧化、还原或分解。电辅助催化法脱硝反应温度高（500℃左右），反应器结构、电辅助催化剂、电源、电解质电极体系等的优化是现阶段该技术需解决的主要问题。等离子体活化法的原理是利用高能电子辐射烟气中的各种气体分子，使之电离或离解产生自由电子和活性基团形成等离子体，等离子体中的活性粒子能催化氧化 NO_x，然后将其通过喷氨的洗涤塔或湿式吸收装置脱除。电子束法（EBDC）和脉冲电晕法（PPCP）是常见的等离子体活化法，EBDC 通过电子束加速器产生高能电子，PPCP 采用高压脉冲放电获得高能电子。EBDC 设备占地面积大，设备昂贵且耗电量大，投资、运行和维修费用高，在实际应用中受到了限制。PPCP 是在 EBDC 的基础上发展而来的，该法采用高压脉冲放电代替电子加速器，节约了能量的消耗，降低了使用成本，且由于其电子能量较低，不需使用辐照屏蔽，提高了技术的安全性。同 EBDC 相比，PPCP 有一定的进步，但仍存在一些问题：能耗高；脉冲电源寿命短、价格高，性能有待改善；所需的设备及维修费用高昂；设备结构复杂等。近年来，等离子体的发生形式快速革新，介质阻挡放电（包括无声放电、沿面放电等）、射频放电、微波放电等都是新型的非热平衡等离子体放电形式。与此同时，等离子体与其他方法的耦合脱硝技术也在兴起，典型的有等离子体与湿法脱硝耦合技术、等离子体协同催化剂分解 NO 技术及等离子体对脱硝催化剂的改性技术等，其中以前者的研究及应用最广泛，高压电晕放电与湿法液相氧化耦合技术、等离子法耦合湿式氨法同时脱硫脱硝技术和电催化氧化技术等都是等离子体活化与湿法脱硝联用的新技术。等离子体活化法是非常有潜力的脱硝技术，能耗高是其工业应用的主要瓶颈。目前该技术并没有得到广泛应用，限制其发展的主要原因是电子加速器价格昂贵，电子枪寿命短，系统运行和维护费用偏高，X 射线对人体有危害等。电催化氧化技术（electro-catalytic oxidation，ECO）是一种多种污染物协同处理技术，其原理是采用高能量脉冲电晕放电产生等离子体，利用其中的活性自由基氧化 NO、SO_2、HgO 等，同时结合湿法碱液吸收和湿式电除尘技术同步除去 SO_2、NO_x、PM、Hg 等，其本质仍是等离子体活化法耦合湿法脱硝技术。目前电环境技术应用不多，能耗高是其推广的主要障碍。

1.4 脱硝技术发展趋势

脱硝技术种类繁多，但实现大规模工业应用的成熟脱硝技术并不多，在相当长的一段时间内，SCR 仍然是脱硝技术领域和脱硝市场的主流技术。这一技术还会继续改进和发展，改进主要集中在：优化工艺流程，研发反应温度低、效率高、抗热性好、催化活性温度窗口宽及耐水性、耐硫性优异的高性能 SCR 催化剂，SCR 催化剂寿命延长和再生技术。

基于不同脱硝机理的不同脱硝工艺的结合或联用是脱硝技术的一个重要发展方向，例如 SNCR/SCR 联合脱硝，SCR 与各种不同机理的低 NO_x 气体燃料方式或低 NO_x 燃烧器的联用，SCR 与臭氧法、电子束法、等离子法、氧化法和/或微波法的结合，都有可能产生高效的新脱硝技术。

联合脱硝脱硫技术是脱硝技术的一个重要发展趋势。与单独的脱硝或脱硫工艺相比，在一个系统内同时脱硝和脱硫的工艺有很大的优越性，如减少系统复杂性、具有更好的运行性能和低成本。

创新脱硝机理成为脱硝技术研究的热点。例如，催化直接分解 NO_x，将 NO_x 直接分解成 N_2 和 O_2；用还原性极好的碳材料将 SO_2 和 NO_x 分别还原为单质硫（硫磺）和 N_2 并生成 CO_2，N_2 和 CO_2 作为无害气体排放。

研发脱硝技术的多联产工艺或多级脱硝工艺。重点开发生产硫酸铵化肥和硝酸铵化肥等副产品的同步脱硝脱硫工艺；同时按照烟气中 NO_x 和 SO_2 浓度进行多级脱硝、脱硫成为烟气净化技术的重要发展趋势。

开发新的脱硝催化剂或脱硝吸附剂；开发低廉、高效、多功能的复合型和可再生循环利用的脱硝催化剂和吸附剂及其脱硝工艺，以降低脱硝成本，提高脱硝效率。

第2章

燃煤电厂脱硝技术原理

目前成熟的燃煤电厂氮氧化物控制技术主要包括燃烧中脱硝技术和烟气脱硝技术，其中燃烧中脱硝技术是指低氮燃烧技术（low NO$_x$ burner，LNB），烟气脱硝技术包括 SCR、SNCR 和 SNCR/SCR 联用技术等，其在锅炉系统中的位置如图 2-1 所示。

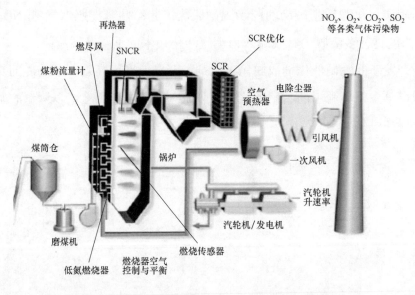

图 2-1　LNB、SNCR 和 SCR 在锅炉系统中的位置

2.1 烟气脱硝工艺种类与分析

目前进入工业应用的成熟的燃煤电厂烟气脱硝技术主要包括 SCR、SNCR 和 SNCR/SCR 联用技术。

（1）SNCR 脱硝技术是指在锅炉炉膛出口 900～1100℃的温度范围内喷入还原剂（如氨气）将其中的 NO_x 选择性还原成 N_2 和 H_2O。SNCR 工艺对温度要求十分严格，对机组负荷变化适应性差，对煤质多变、机组负荷变动频繁的电厂，其应用受到限制。大型机组脱硝效率一般只有 25%～45%，SNCR 脱硝技术一般只适用于老机组改造且对 NO_x 排放要求不高的区域。

（2）SCR 烟气脱硝技术是指在 300～420℃的烟气温度范围内喷入氨气作为还原剂，在催化剂的作用下与烟气中的 NO_x 发生选择性催化反应生成 N_2 和 H_2O。SCR 烟气脱硝技术具有脱硝效率高，成熟可靠，应用广泛，经济合理，适应性强，特别适合于煤质多变、机组负荷变动频繁以及对空气质量要求较敏感的区域的燃煤机组上使用。SCR 脱硝效率一般可达 80%～90%，可将 NO_x 排放浓度降至 $100mg/m^3$（标态，干基，$6\%O_2$）以下。

（3）SNCR/SCR 联用技术是指在烟气流程中分别安装 SNCR 和 SCR 装置。在 SNCR 区段喷入液氨等作为还原剂，在 SNCR 装置中将 NO_x 部分脱除；在 SCR 区段利用 SNCR 工艺逃逸的氨气在 SCR 催化剂的作用下将烟气中的 NO_x 还原成 N_2 和 H_2O。SNCR/SCR 联用工艺系统复杂，而且脱硝效率一般只有 50%～70%。

三种烟气脱硝技术的综合比较见表 2-1。

表 2-1　　　　　　　　　烟气脱硝技术比较

序号	项目	技术方案		
		SCR	SNCR/SCR 联用	SNCR
1	还原剂	NH_3 或尿素	尿素或 NH_3	尿素或 NH_3

续表

序号	项目	技术方案		
		SCR	SNCR/SCR 联用	SNCR
2	反应温度	300～420℃	前段：900～1100℃ 后段：300～420℃	900～1100℃
3	催化剂	V_2O_5-WO_3（MoO_3）/TiO_2基催化剂	后段加装少量 SCR 催化剂	不使用催化剂
4	脱硝效率	80%～90%	50%～70%	大型机组 25%～50%
5	SO_2/SO_3氧化	会导致 SO_2/SO_3氧化	SO_2/SO_3氧化较SCR 低	不导致 SO_2/SO_3氧化
6	NH_3逃逸	小于 $3\mu L/L$	小于 $3\mu L/L$	小于 $10\mu L/L$
7	对空气预热器影响	催化剂中的 V 等多种金属会对 SO_2 的氧化起催化作用，SO_2/SO_3氧化率较高，而 NH_3 与 SO_3 易形成 NH_4HSO_4，造成堵塞或腐蚀	SO_2/SO_3氧化率较SCR 低，造成堵塞或腐蚀的机会较 SCR 低	不会因催化剂导致 SO_2/SO_3 的氧化，造成堵塞或腐蚀的机会为三者最低
8	燃料的影响	高灰分会磨耗催化剂，碱金属氧化物会使催化剂钝化	影响与 SCR 相同	无影响
9	锅炉的影响	受省煤器出口烟气温度影响	受炉膛内烟气流速、温度分布及 NO_x 分布的影响	与 SNCR/SCR 混合系统影响相同
10	计算机模拟和物理流动模型要求	需做计算机模拟和物理流动模型试验	需做计算机模拟分析	需做计算机模拟分析
11	占地空间	大（需增加大型催化剂反应器和供氨或尿素系统）	较小（需增加一小型催化剂反应器，无须增设供氨或尿素系统）	小（锅炉无须增加催化剂反应器）
12	使用业绩	多数大型机组成功运转经验	多数大型机组成功运转经验	多数大型机组成功运转经验

2.2 SCR 脱硝技术

2.2.1 SCR 技术简介

选择性催化还原法（SCR）的基本原理是利用氨（NH_3）对 NO_x 的还

原性能，使用氨气（NH$_3$）作为还原剂，将体积浓度小于 5% 的氨气通过氨气喷射格栅（AIG）喷入温度为 300～420℃ 的烟气中，与烟气中的 NO$_x$ 混合后，扩散到催化剂表面，在催化剂作用下，氨气（NH$_3$）将烟气中的 NO 和 NO$_2$ 还原成无公害的氮气（N$_2$）和水（H$_2$O）（见图 2-2）。这里"选择性"是指氨有选择的与烟气中的 NO$_x$ 进行还原反应，而不与烟气中大量的 O$_2$ 作用。整个反应的控制环节是烟气在催化剂表面层流区和催化剂微孔内的扩散。

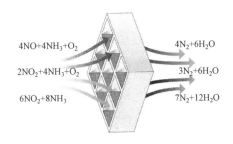

图 2-2　SCR 反应示意图

SCR 反应化学方程式如下

$$4NO+4NH_3+O_2 \longrightarrow 4N_2+6H_2O \tag{2-1}$$

$$2NO_2+4NH_3+O_2 \longrightarrow 3N_2+6H_2O \tag{2-2}$$

在燃煤烟气的 NO$_x$ 中，NO 约占 95%，NO$_2$ 约占 5%，所以反应式（2-1）为主要反应，实际氨氮比接近 1:1。

SCR 技术通常采用 V$_2$O$_5$/TiO$_2$ 基催化剂来促进脱硝还原反应。脱硝催化剂使用高比表面积专用锐钛矿型 TiO$_2$ 作为载体，（钒）V$_2$O$_5$ 作为主要活性成分，为了提高脱硝催化剂的热稳定性、机械强度和抗中毒性能，往往还在其中添加适量的 WO$_3$、（钼）MoO$_3$、玻璃纤维等作为助催化剂。

催化剂活性成分 V$_2$O$_5$ 在催化还原 NO$_x$ 的同时，还会催化氧化烟气中 SO$_2$ 转化成 SO$_3$［反应式（2-3）］。在空预器换热元件 140～220℃ 低温段区域，SO$_3$ 与逃逸的 NH$_3$ 反应生成高黏性 NH$_4$HSO$_4$［反应式（2-4）］，黏结与黏附烟气中的飞灰颗粒恶化空预器元件堵塞与腐蚀。为此，除严格控制氨逃逸浓度小于 $3\mu L/L$ 外，应尽可能减少 V_2O_5 含量，并添加 WO_3 或 MoO_3，控制催化剂活性，抑制 SO_2/SO_3 转化，通常要求烟气经过催化剂后的 SO_2/SO_3 转化率低于 1.0%。

$$2SO_2+O_2 \longrightarrow 2SO_3 \qquad (2\text{-}3)$$

$$SO_3+NH_3+H_2O \longrightarrow NH_4HSO_4 \qquad (2\text{-}4)$$

SCR 技术是当前世界上主流的烟气脱硝工艺，自 20 世纪 70 年代在日本燃煤电厂开始正式商业应用以来，目前在全世界范围内得到广泛的应用。作为一种成熟的深度烟气 NO_x 后处理技术，无论是新建机组还是在役机组改造，绝大部分煤粉锅炉都可以安装 SCR 装置。其具有以下特点：

（1）脱硝效率可以高达 95%，NO_x 排放浓度可以控制到 $50mg/m^3$（标态，干基，$6\%O_2$）以下，是其他任何一项脱硝技术都无法单独达到的。

（2）催化剂在与烟气接触过程中，受到气态化学物质毒害、飞灰堵塞与磨损等因素的影响，其活性逐渐降低，通常 3～4 年增加或更换一层催化剂。对于废弃催化剂，由于富集了大量痕量重金属元素，应纳入危险废物进行管理。

（3）会增加锅炉烟道系统阻力 900～1200Pa。

（4）系统运行会增加空预器入口烟气中 SO_3 浓度，并残留部分未反应的逃逸氨气，两者在空预器低温换热面上易发生反应形成 NH_4HSO_4，进而恶化空预器冷端的堵塞和腐蚀，因此需要对空预器采取抗 NH_4HSO_4 堵塞的措施。

2.2.2 SCR 技术分类

理论上，SCR 脱硝装置可以布置在水平烟道或垂直烟道中，但对于燃煤锅炉，一般应布置在垂直烟道中，这是因为烟气中含有大量粉尘，布置在水平烟道中易引起 SCR 脱硝装置的堵塞。

选择性催化还原脱硝系统，主要由催化剂反应器、催化剂和氨储存及喷射系统组成，SCR 脱硝反应器在锅炉尾部烟道中布置的位置，有三种布置方案。

2.2.2.1 布置在空气预热器前温度为 350℃左右的位置

如图 2-3 所示，此时烟气中所含有的全部飞灰和 SO_2 均通过催化剂反应器，反应器的工业条件是在"不干净"的高尘烟气中。由于这种布置方案的烟气温度在 300~400℃的范围内，适合于多数催化剂的反应温度，因而它被采用最为广泛。但是由于催化剂是在"不干净"的烟气中工作，因此催化剂的寿命受下列因素的影响：

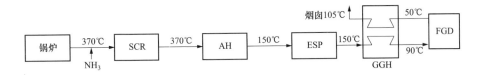

图 2-3　SCR 法催化剂反应器布置于空气预热器前的高尘烟气中

烟气所携带的飞灰中含有 Na、K、Ca、Si、As 等成分时，会使催化剂"中毒"或受污染，从而降低催化剂的效能；

飞灰对催化剂反应器的磨损和使催化剂反应器蜂窝状通道堵塞；

如烟气温度升高，会使催化剂烧结或使 TiO_2 载体发生相变；

如烟气温度降低，NH_3 会和 SO_3 反应生成（NH_4）$_2SO_4$，从而堵塞催化反应器通道和空气预热器；

为了尽可能地延长催化剂的使用寿命，除了应选择合适的催化剂外，要使反应器通道有足够的空间可以防堵塞，同时还要有防腐措施。

2.2.2.2 布置在静电除尘器和空气预热器之间

如图 2-4 所示，这时温度为 300~400℃的烟气先经过电除尘器以后再进入催化剂反应器，这样可以防止烟气中的飞灰对催化剂的污染和将反应器磨损或堵塞，但烟气中的 SO_2 始终存在，因此烟气中的 NH_3 和 SO_3 反应生成（NH₄）₂SO₄而发生堵塞的可能性仍然存在。采用这一方案的最大问题是，静电除尘器无法在 300～400℃ 的温度下正常运行，因此很少被采用。

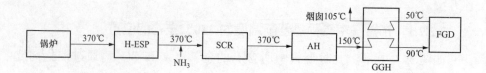

图 2-4　SCR 法脱硝反应器布置于空气预热器与静电除尘器之间

2.2.2.3　布置在湿法烟气脱硫装置 FGD 之后

当锅炉尾部烟道中装有湿法烟气脱硫装置 FGD 时，可将催化剂反应器装于 FGD 装置之后，如图 2-5 所示。这样催化剂将完全工作在无尘、无 SO₂ 的"干净"烟气中，由于不存在飞灰对反应器的堵塞及磨损问题，也不存在催化剂的污染和中毒问题，因此可以采用高活性的催化剂，并使反应器布置紧凑，以减少反应器的体积。当催化剂在"干净"烟气中工作时，其工作寿命可达 3～5 年（在"不干净"的烟气中的工作寿命为 2～3 年）。这一布置方式的主要问题是：当将反应器布置在湿式 FGD 脱硫装置后时，其排烟温度仅为 50～60℃，因此，为使烟气在进入催化剂反应器之前达到所需要的反应温度，需要在烟道内加装燃油或燃烧天然气的燃烧器，或蒸汽加热的换热器以加热烟气，从而增加了能源消耗和运行费用。

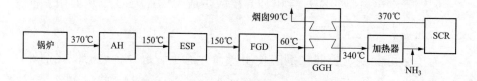

图 2-5　SCR 法催化剂反应器布置在湿法烟气脱硫装置 FGD 之后

加氨系统有两类，一类是无水氨系统，另一类是有水氨系统。对于无水氨系统，氨从氨罐依次进入蒸发器和积聚器，经减压后与空气混合，再喷入烟道中。对于有水氨系统，氨从氨罐经雾化喷嘴进入高温蒸发器，蒸

20

发后的氨喷入烟道中。

2.2.3　还原剂选择

还原剂的选择是影响 SCR 脱硝效率的主要因素之一，应具有效率高、价格低廉、安全可靠、存储方便、运行稳定、占地面积小等特点。目前，常用的还原剂有液氨、尿素和氨水三种。结合本期工程的特点、国家规范和当地环保部门要求，对脱硝剂的选择进行分析如下。

（1）液氨法［见图 2-6（a）］：液氨由专用密闭液氨槽车运送到液氨储罐，液氨储罐输出的液氨在液氨蒸发器蒸发成氨气，并将氨气加热至常温后，送到氨气缓冲罐备用。缓冲罐的氨气经调压阀减压后，送入各机组的氨气/空气混合器中，与来自风机的空气充分混合后，通过喷氨格栅（AIG）喷入烟气中，与烟气混合后进入 SCR 催化反应器。液氨法在国内的运行业绩较多。

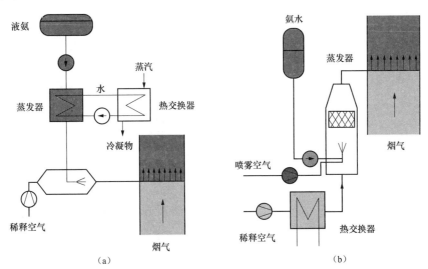

图 2-6　液氨制氨工艺和氨水制氨工艺流程图

（a）液氨法；（b）氨水法

（2）氨水法［见图 2-6（b）］：通常是用 25%～28%的氨水溶液，将其置于存储罐中，然后通过加热装置使其蒸发，形成氨气和水蒸气。可以采用接触式蒸发器法或采用喷淋式蒸发器法。氨水法对储存空间的需求较大，且运行中氨水蒸发需要消耗大量的能量，运行费用较高，国内业绩非常少。

（3）尿素法：分为水解技术与热解技术。其中水解技术包括 AOD 法（由 SiiRTEC NiGi 公司提供），U2A 法（由 Wahlco 公司和 Hammon 公司提供，见图 2-7）和 NO_xOUT Ultra 热解技术（Fuel tech 公司提供，见图 2-8）。目

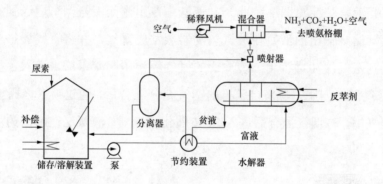

图 2-7　尿素水解制氨工艺流程图

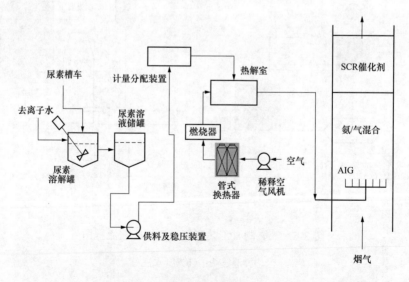

图 2-8　尿素热解制氨工艺流程图

前在国内只有少数电厂采用了尿素水解技术，且其技术经济性与稳定性还有待验证。热解技术在国内有部分运行业绩，如华能北京热电厂（4×830t/h 锅炉）、京能石景山热电厂（4×670t/h 锅炉）、华能玉环电厂（4×1000MW 机组）等。相对液氨法尿素法制氨初投资及运行费用均较高。

三种还原剂的性能比较如表 2-2 所示。使用氨水作为脱硝还原剂，对存储、卸车、制备区域以及采购、运输路线国家没有严格规定，但运输量大，运输费用高，制氨区占地面积大，而且在制氨过程中需要将大量的水分蒸发，消耗大量的热能，运行成本高昂。

由于液氨来源广泛、价格便宜、投资及运行费用均较其他两种物料节省，因而目前国内 SCR 装置大多都采用液氨作为 SCR 脱硝还原剂。但同时液氨属于危险品，对于存储、卸车、制备、采购及运输路线国家均有较为严格的规定。液氨可作为本技术的首选方案，具体工艺需要经过安全与环评论证确定。

表 2-2 　　 还原剂性能比较（以 2×300MW 脱硝机组为例）

项目	液氨法	氨水法	尿素水解法	尿素热解法
还原剂存储条件	高压	常压	常压，干态	常压，干态
还原剂存储形态	液态	液态	微粒状	微粒状
还原剂运输费用	便宜	贵	便宜	便宜
反应剂费用	便宜	较贵	贵	贵
还原剂制备方法	蒸发	蒸发	水解	热解
技术工艺成熟度	成熟	成熟	成熟	成熟
系统复杂性	简单	复杂	复杂	复杂
系统响应性	快	快	慢（5～10min）	慢（5～10min）
产物分解程度	完全	完全	不完全	不完全
潜在管道堵塞现象	无	无	有	无
还原剂制备副产物	无	无	CO_2	CO_2

续表

项目	液氨法	氨水法	尿素水解法	尿素热解法
设备安全要求	有法律规定	需要	基本上不需要	基本上不需要
占用场地空间	不小于 1500m²	不小于 2000m²	很小，小于 400m²	很小，小于 400m²
固定投资	最低	低	高	最高
运行费用	最低	高	高	最高

尿素制氨工艺安全成熟可靠，占地面积小，但由于尿素需要使用专用设备热解或水解制备氨气，投资较大，制氨过程中需要消耗大量的热量，运行成本高，尿素作为脱硝剂的工程应用占比相对少。虽然尿素制氨有水解和热解两种工艺，但由于水解法存在启动时间长、跟踪机组负荷变化的速度较慢、腐蚀严重等问题，国内使用尿素作为脱硝剂几乎全部采用尿素热解工艺作为制氨工艺。

2.3 SNCR 脱 硝 技 术

2.3.1 SNCR 技术简介

SNCR 技术是一种成熟的 NO_x 控制处理技术。此方法是在 870～1205℃下，将氮还原剂（一般是氨或尿素）喷入烟气中，将 NO_x 还原，生成氮气和水。与 SCR 技术相比，选择性非催化还原 SNCR 技术利用炉内的高温驱动氨与 NO 的选择性还原反应，因此，不需要昂贵的催化剂和体积庞大的催化塔。SNCR 相对于低 NO_x 燃烧器和 SCR 来说，初投资低，停工安装期短，脱硝效率中等。由于受到锅炉结构形式和运行方式的影响，SNCR 技术的脱硝性能变化比较大，据统计，脱硝效率在 30%～75% 之间。相比之下，SCR 技术的脱硝效率则比较稳定，这是跟锅炉尾部低温区的烟气温度稳定、湍流波动小等特点分不开的。而且 SCR 技术通常都将烟气引入一个巨大的催化塔内，降低烟气流速，使烟气分布均匀和延长反应停留时间，同时在催化塔的上游均匀布置氨气的喷射网格和混合器，使氨气能与烟气混合均匀。

据美国电力研究院 2002 年公布的数据显示，综合美国在 NO_x 和 SO_2 控制产业的经验，SCR 技术的投资成本是 60～140 美元/kW，SNCR 技术的投资成本仅是 10～20 美元/kW，和低 NO_x 燃烧器的投资成本相当。南加州的 Edison 公司报道，其安装在 20 台锅炉共 5600MW 上的尿素喷射 SNCR 的投资成本仅为 3 美元/kW。SCR 对国内煤种的适应性还需要进一步考证，因为在高灰分、高硫分的情况下，SCR 的催化剂容易发生堵塞和沾污、中毒等现象。在这种情况下，使用 SNCR 技术的适应性更好。

美国电力行业的业主认为，最终的目标不是得到最低的 NO_x 排放，而是以最低成本符合排放要求。因此，近 10 年来 SNCR 技术在美国得到迅速的推广应用。据美国能源部 NETL 估计，到 2007 年，美国还会有 208 台锅炉使用 SNCR 脱硝技术，总容量将达到 12.8GW。由于 SNCR 成本较低，改造方便，适宜协同应用其他的低 NO_x 技术，因此特别适宜发展中国家使用。近年在捷克、韩国等地都有发展应用。对于我国来说，从 NO_x 控制的环保政策和技术上来说，都是刚刚起步，走一条节约型、适度控制的环保道路是符合中国国情的。

2.3.2　SNCR 反应机理研究

关于 NH_3-NO 高温非催化还原反应机理，国内外做了很多的研究工作，研究结论是：

（1）NH_3-NO 反应是自维持的；

（2）NH_3-NO 反应需要氧气参与；

（3）NH_3-NO 脱硝的反应只能在 1250K 左右的温度范围内发生；

（4）加入添加剂（如 H_2、H_2O_2、CO 等）可以使脱硝反应的"温度窗口"有所移动，但其宽度基本不变；水蒸气的加入对 NO 脱除特性只有很小的作用；

（5）反应是非爆炸性的，反应时间在 100ms 左右。

2.3.2.1 自维持的 NH_3/NO 反应

NH_3/NO 反应中最关键的一步是初始的 NH_3 与活性根 OH 反应生成 NH_2 的反应

$$NH_3 + OH \longrightarrow NH_2 + H_2O \qquad (2-5)$$

$$NH_3 + O \longrightarrow NH_2 + OH \qquad (2-6)$$

因为氨与 NO 直接反应的活化能是很大的，反应式（2-1）、式（2-2）能将 NH_3 转化成容易反应的 NH_2，因此，这个反应在 $NO/NH_3/O_2$ 反应系统中是至关重要的一步。从反应式中可以看出，作为 SNCR 反应的启动因子，反应系统中 OH 的浓度对非选择性非催化还原脱硝反应来说是至关重要的。它的重要性反映在氨选择性还原 NO 反应的"温度窗口"上，只有在一定的温度区间，OH 活性根的浓度比较适宜，选择性脱硝反应才能有效地进行。但是随着反应式（2-5）的进行，OH 浓度会降低。因此，NH_3/NO 反应必须是能自维持的反应，也就是说能在反应过程中连续不断地产生 OH 活性根，才能保持燃烧产物中的 OH 活性根不被消耗殆尽。

2.3.2.2 NH_3/NO 反应需要氧气参与

按照现有研究提出的模型，NH_3 与 NO 有两个反应途径，分别是产生链锁因子的反应式（2-7）和不产生链锁因子的反应式（2-8）。

$$NH_2 + NO \Longrightarrow NNH + OH（产生活性根） \qquad (2-7)$$

$$NH_2 + NO \Longrightarrow N_2 + H_2O（不产生活性根） \qquad (2-8)$$

$$NNH \Longrightarrow N_2 + H \qquad (2-9)$$

$$H + O_2 \Longrightarrow O + OH \qquad (2-10)$$

$$O + H_2O \Longrightarrow OH + OH \qquad (2-11)$$

如果缺少链锁因子，$NH_3 + NO$ 的自维持反应就无法继续，因此，这两个反应途径的相对速率决定了脱硝反应进行的程度。同时，NNH 分解〔见式（2-9）]后可以再通过反应式（2-10）和式（2-11）成 3 个 OH 根。因此，Miller 和 Bowman 提出反应式（2-7）、式（2-8）的分支系数。即产生活性根的反应速度占总的反应速度的比例，至少为 0.250，Salimian 根据实验数据的结果，在模型中考虑分支系数 a 为 0.29。当 a 从 0.29 下降到 0.26，反应进行 1s 后，都基本没有 NO 被脱除。当 a 从 0.29 上升到 0.5，能显著的减少反应所需要的时间。从 OH 浓度曲线上也能看出来，a 降低到 0.26，OH 浓度远低于平衡浓度，NO 的还原率就降低。a 升高到 0.5，OH 浓度远高于平衡浓度，脱硝反应的时间就缩短。

Glarborg 等人则进一步完善修正了 NH_3+NO 高温反应的机理模型。他们将 Miller&Bowman（1989）模型中固定为 0.508 的分支系数 a 改为在 NH_3+NO 反应温度区域内随温度变化，在 1211K 时为 0.35 左右，在 1369K 时为 0.45。分支系数 a 变小将会使反应的温度窗口向高温移动，因此，为了切合实验结果，必须同时考虑其他参数的配合。

由于分支系数 a 的重要性和复杂性，许多动力学研究者做了深入探讨和研究。ChadC. Schmidt 博士在其博士论文中总结了有关分支系数 a 的研究结果。研究结果表明各方对分支系数 a 在各个温度下的数值还是没有定论，而且其趋势也不尽相同。这对寻找一个准确、通用 SNCR 模型制造了很大的困难。

根据反应方程式（2-10）可以看出，产生的 OH 活性根的反应过程是需要氧气的参与的。这个结论已经多次被实验结果所证明。

2.3.2.3 NH_3/NO 脱硝反应的温度范围

NH_3/NO 反应的温度依赖性可以从 NH_3 的反应机理上来解释。生成的 NH_2 会沿还原和氧化两条反应路径进行，还原反应在较低温度下占主导，而氧化反应将在高温下影响更大。还原反应主要依赖自维持的反应路径，即反应式（2-7）。反应式（2-7）生成的 NNH 活性根的生存时间也是一个重要的机理模型参数。

实验和理论分析表明，NNH 活性根的寿命是在 $10^{-11}\sim10^{-8}s$ 之间。

Miller&Bowman 模型则取较长的 NNH 活性根的寿命（10^{-4}s 左右）。Glarborg 等人分析，要使 NNH 有机会与其他物质通过非连锁分支的途径反应，NNH 活性根的寿命必须大于 10^{-6}s。如果 NNH 活性根分解速度快，加上分支系数 a 比较大，会造成爆炸式的反应。

而叠加反应 $NH_2+NO=N_2+H+OH$，是一个既能将 NO 还原，也能产生链锁因子的自维持反应。当温度升高，反应式（2-3）速率提高。当达到一定的最低温度，分支系数 a 会达到 0.25。这时，NH_3/NO 反应仅可持续，因此脱硝效率不高。温度继续升高，分支系数 a 会继续升高，产生更多的活性根，反应进行得更深入，脱硝效率提高。

氧化反应主要是 NH_3 与 OH 反应，生成 NH，NH 通过生成 HNO 而最终转化成 NO。

$$NH_2 + OH =\!\!= NH + H_2O \qquad (2\text{-}12)$$

$$NH + O_2 =\!\!= HNO + O \qquad (2\text{-}13)$$

$$NH + OH =\!\!= HNO + H \qquad (2\text{-}14)$$

$$HNO + OH =\!\!= NO + H_2O \qquad (2\text{-}15)$$

可见，NH_3 的氧化反应路径净产生 NO，因此，当温度超过了 1250K 左右时，氧化反应路径的重要性相对于还原反应路径来说增加，NO 就会逐渐增加。两条反应路径的相互竞争就会形成脱硝效率在某个最佳温度（Topt）时达到最大值。

通过深入的分析可知，是由于 OH 活性根随着温度上升的累积导致氧化反应的重要性超过还原反应。第一，温度升高，反应式（2-14）的速率相对反应式（2-15）来说上升得更快，产生更多的 H 活性根。第二，这些 H 活性根可以通过反应式（2-12）或式（2-16）生成 OH 活性根。而高温下，反应式（2-10）的反应速率相对更快，产生 3 个 OH 而不是反应式（2-16）的一个 OH 活性根，导致 OH 的积累。

$$H + H_2O =\!\!= OH + H_2 \qquad (2\text{-}16)$$

28

如果没有其他反应将累积的 OH 消耗掉，则 NH_3/NO 的反应速度随着温度的升高会出现爆炸式的增长。这种现象没有出现，是因为当 OH 随着温度的上升而积累时，反应式（2-10）、式（2-14）、式（2-16）的氧化反应路径会与 OH 的积累路径进行竞争，消耗部分 OH。抑制 NO 还原反应的同时，竞争反应会产生 NO，削弱脱硝反应的效果。

2.3.2.4 添加剂对脱硝反应的"温度窗口"的作用

R.K. Lyon 发现加入其他的一些添加剂可以使 NH_3/NO 反应的温度窗口向低温方向移动。最初研究的添加剂是燃烧产物中常见的碳氢化合物，如 H_2、H_2O_2、CO、H_2O 等。

同样，一方面，可以从脱硝反应温度窗口形成的机理来解释这些添加剂对温度窗口的作用。从上述分析已知，产生活性根 OH 的反应式（2-7）是低温 NH_3/NO 反应启动的关键一步。但如果反应物中含有 H_2，OH 就可以通过式（2-17）的逆反应、式（2-10）和式（2-11）反应得到积累，反应即可在较低温度下进行。

另一方面，由于 H_2 导致 OH 浓度升高，在较低的温度下就达到不添加 H_2 时的 OH 浓度水平。氧化的路径与还原路径的竞争会在较低温度下进行，使得 NO 的浓度在较低的温度下重新上升。由于添加剂的作用只是简单的在各个温度下都增加 OH 的浓度，所以，温度窗口向低温移动的同时，其宽度并不变。

其他添加剂的作用和 H_2 是类似的，像 H_2O_2 是通过反应式（2-17）产生 OH。

$$H_2O_2 + M = OH + OH + M \tag{2-17}$$

而 CO 则是通过反应式（2-18）产生 H。

$$CO + OH = CO_2 + H \tag{2-18}$$

产生的 H 继续通过式（2-9）、式（2-10）反应，产生更多的活性根。

因此，从上述分析可以得知，$NH_3 + NO$ 反应中加入可以产生 OH 活性根的添加剂，可以使 NH_3+NO 反应的温度窗口向低温移动。

2.3.2.5 反应时间

最早对 NH_3-NO 高温非催化还原反应进行的系统研究中，它们的均相流反应器实验在 982℃下进行，反应停留时间为 0.075s。在氨氮比小于 1.5 的情况下，达到了 95%左右的脱硝效率。

丹麦工业大学的 Duo 等人的机理实验也清楚表明了，反应时间从 0.039～0.227s，尽管反应的程度不尽相同，氨和 NO 的还原反应都能比较有效地进行。

2.4 低氮燃烧技术

燃烧改造是指改变炉膛内的燃烧工况，通常包括安装低氮燃烧器（low NO_x burner，LNB）、应用燃尽风（over fire air，OFA）以及应用再燃技术。燃烧改造的优点是改造和运行成本低，所以，被美国国家环境保护局（U.S. Environmental Protection Agency，EPA）定为最佳改造技术（best available retrofit technology，BART）之一，中国也将低氮燃烧定为首要改造手段。

2.4.1 低氮燃烧技术分类

低 NO_x 燃烧器是指燃料燃烧过程中 NO_x 排放量低的燃烧器，采用低 NO_x 燃烧器能够降低燃烧过程中氮氧化物的排放。

传统的燃烧器为富氧燃烧，化学当量比在燃烧器出口约为 1.2，即有 20%的剩余空气量。炉膛出口氧量为 3%～4%，在富氧燃烧的状态下，容易达到稳定和完全燃烧，可有效控制飞灰未燃碳和 CO 等可燃物的排放，但是，富氧燃烧也使煤的氮成分与氧在高温下反应生成 NO_x。为了降低 NO_x 的生成，LNB 延迟煤粉与氧气的充分混合，使得在 LNB 出口为富燃料燃烧，由于在火焰最高温处缺氧，NO_x 的生成大大减少。典型低氮燃烧器分段燃烧如图 2-9 所示。

墙式炉 LNB 把高旋转的二次风分成低旋转二次风和高旋转三次风。低旋转风可减少煤粉与风的混合量，使得化学当量比在火焰中心低于 1。GE 能源公司的 LNB 装有火焰稳定器、空气调节阀和可调空气旋转叶片等，燃烧器设计了燃气和燃油的功能。

四角切向炉的 LNB 在欧美通常是通过对二次风加偏角并把部分二次风从燃烧器中移到燃烧器上部（即燃烧区下游）以延迟空气和煤粉的混合。中国的低氮燃烧技术多为浓淡分离，即在燃烧器内部将煤粉分为外淡内浓，使炉膛中心为富燃料燃烧，炉膛壁附近为富氧燃烧。

LNB 的设计关键为稳定火焰。因为在燃烧器出口空气供应不足，火焰有可能脱离燃烧器或火焰过长，导致燃烧不完全。通常低氮改造的负效应是可燃物排放增加，从而使锅炉效率降低。

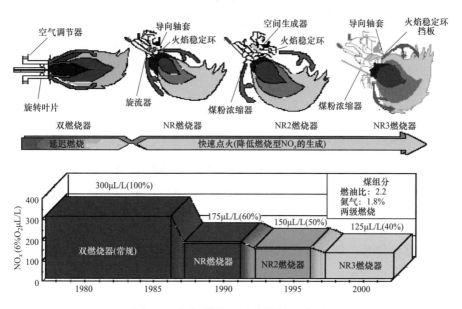

图 2-9　低氮燃烧器分段燃烧示意图

目前低NO_x燃烧器普遍结合了空气分级以及燃料浓缩分级两种燃烧技术。其原理是，采用煤粉浓缩技术，将煤粉分为浓淡两股，浓煤粉由燃烧器中心喷出，并在燃烧器喷口着火，由于煤粉浓度比较高，可形成还原性气氛，能有效地降低NO_x的生成，同时将二次风分成2股，并逐级送入已着火的煤粉气流，形成"风包粉"的形式，在煤粉着火的初始阶段，只加入少量内二次风，以继续维持贫氧燃烧。另一股二次风则送入一级燃烧区的下游，形成富氧燃烧，使燃料充分燃尽。

2.4.1.1　HT-NR3 型旋流燃烧器

HT-NR3 型旋流燃烧器是我国东方锅炉厂由日本日立公司引进的一款低 NO_x 燃烧器。其结构如图 2-10 所示。

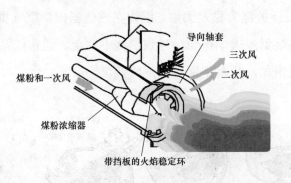

图 2-10　HT-NR3 型旋流燃烧器结构示意图

HT-NR3 型旋流燃烧器主要特点是：①在一次风通道内布置拉法尔缩口与导流锥体，以形成煤粉浓缩；②在外二次风通道布置切向叶片，形成旋流风，而内二次风保持为直流；③在一次风出口处设置有稳燃环，以强化着火，同时促进回流区生成。HT-NR3 型旋流燃烧器，同时实现了空气分级、燃料分级，以及煤粉强化燃烧，不但抑制了 NO_x 排放，同时也保持了较高的燃烧效率。

2.4.1.2　DRB-4Z 型燃烧器

美国 B&W 公司开发的 DRB-4Z 型燃烧器，其结构如图 2-11 所示。其特点是在一次风入口设有锥形扩散器,一次风喷口端部装设有齿形稳燃环,在内、外二次风之间设有气流分离板,内、外二次风道的出口处装设锥型扩口,同时采用轴向进风方式为内、外二次风给风。这一燃烧器的主要特点是在一次风与内二次风之间加入一股过渡风,过渡风以直流形式给入,它的存在使燃烧器在过渡风出口处形成一小型回流区,有助于抑制氮氧化物产生。

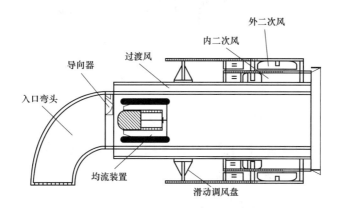

图 2-11　DRB-4Z 型燃烧器结构示意图

2.4.1.3　LNASB 型轴向旋流燃烧器

LNASB 型轴向燃烧器着重加强空气分级,在普通双调风旋流燃烧器的供风基础上,又加入了中心风和燃尽风。其结构如图 2-12 所示。LNASB 型轴向旋流燃烧器在一次风环形通道内设有煤粉浓缩装置,保证燃料分级,二次风的旋流强度可调节,以形成最有利的回流区,加强着火,同时促进稳定燃烧。

2.4.1.4　径向浓淡旋流煤粉燃烧器

径向浓淡旋流煤粉燃烧器是研究人员结合空气分级、浓淡煤粉燃烧技术开发设计的一种新型低 NO_x 煤粉燃烧器。该燃烧器在一次风通道设有煤粉浓缩器,煤粉在浓缩器的作用下分为内浓外淡两股,其中浓煤粉气流沿燃烧器中心喷入,淡煤粉气流沿一次风外侧环形通道喷入。二次风分为内、外两股,内二次风在轴向弯曲叶片的作用下产生旋转,外二次风为直流风,

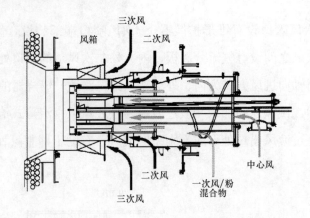

图 2-12　LNASB 型轴向旋流燃烧器结构示意图

通过调节内外二次风比例可控制出口气流旋流强度。该燃烧器已先后在国内燃烧不同煤种的锅炉上得到了工业应用，不但实现了高效、低污染的燃烧，同时还可以防止结渣和高温腐蚀。

2.4.1.5　中心给粉旋流煤粉燃烧器

2003 年，研究人员在径向浓淡旋流燃烧器的基础上开发出中心给粉旋流煤粉燃烧器，其结构如图 2-13 所示。该燃烧器一次风为直流，内二次风装有轴向弯曲固定叶片，外二次风装有切向可调叶片。一次风通道中安装有一个或多个锥形浓缩环，使通道中的煤粉可以集中于燃烧器的中心喷出。内外二次风的旋流作用形成中心回流区，卷吸周围高温烟气，有利于稳燃，

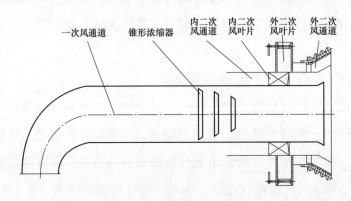

图 2-13　中心给粉旋流煤粉燃烧器结构示意图

同时延长了煤粉的停留时间，而且可以降低 NO_x 生成。

在过去的研究中，研究人员分别对中心给粉旋流燃烧器出口单相冷态流场以及气、固两相流动特性进行了研究，并在实验基础上开发出适用于贫煤、烟煤的旋流燃烧器，并将成功其应用于燃煤锅炉，并取得了良好的效果。

然而在近几年的工业改造实践中，为了进一步降低炉内 NO_x 生成，在换用低 NO_x 燃烧器的同时，炉内空气分级燃烧也得到了广泛的应用，炉内空气分级燃烧，即通过增加燃尽风的方式来降低主燃区温度及空气过量系数以降低 NO_x 生成，然而采用增加燃尽风的方式会导致二次风风量减小，回流区减小，着火稳定性减弱，同时出现易结渣等现象。因而有必要对增加了燃尽风的中心给粉燃烧器的冷态流场及气固两相流动特性进行研究，以开发出适用于带有燃尽风的电站锅炉旋流燃烧器。

2.4.2　低氮燃烧技术之间的比较

针对不同的燃煤锅炉，在选用不同的低 NO_x 燃烧技术时，由于其锅炉参数、燃烧方式、锅炉容量、煤种特性以及其他条件的不同，必须根据其具体情况进行技术经济比较，使得所选用的低 NO_x 燃烧技术和锅炉的具体设计和运行条件相适应，达到改造后的技术要求。因此，不仅要追求锅炉降低 NO_x 的效果要求，而且还要综合考虑在采用低 NO_x 燃烧技术后，对燃烧效率、火焰的稳定性、受热面结渣和腐蚀、过热蒸汽温度的控制等可能带来的影响。以下主要从控制原理、控制效果及经济性等方面对各种不同的低 NO_x 技术进行分析和比较。

空气分级燃烧，它的主要原理是把燃烧所需的空气分成两股。优点弥补了简单的低过量空气燃烧技术的缺点。缺点是需要较大规模的改造，包括对前墙或者前后墙布置燃烧器的原有炉膛进行改装。

燃料分级燃烧跟空气分级燃烧原理类似，整个燃烧过程所需的燃料分成两股。优点是不仅可以控制氮氧化物的生成，还可以使得已经生成的氮氧化物得到还原，效果明显。缺点是对燃料要求高，必须是高挥发分易燃的煤种，而且对煤粉细度要求很高。

低过量空气燃烧是一种最简单的降低 NO_x 排放的方法。它的原理主要是控制燃烧过程中的空气量，控制 NO_x 的生成。优点是不需要改造，简单。缺点是一旦炉内氧量一旦过低，影响火焰的稳定度，会影响锅炉的安全性，同时还可以引起锅炉燃烧效率的降低。

烟气再循环法主要是将一部分燃烧后的烟气再返回燃烧区循环使用的一种方法。优点是此方法不仅可以单独使用该技术，更多的是可以结合其他的低 NO_x 燃烧技术同时使用，效果更好。缺点是在改造中则需要添加配套设备比如风机、风道等，会使系统变得复杂并增加投资，对于旧机组改造时往往受到场地的限制。另外，此法虽然降低了燃烧温度和氧气浓度，同时也会造成未燃炭的增加。

低 NO_x 燃烧器与普通燃烧器相比较，主要是通过改变燃烧器里面的结构，或者改变进入燃烧器的煤粉和风量的比例来实现。通过，完善后的低 NO_x 燃烧器主要是结合前面所说的其他低 NO_x 燃烧技术，比如烟气再循环、燃料分级和空气分级等技术，将降低 NO_x 效果做到最好。目前，许多国家的企业和研究人员，都在开发不同的低 NO_x 燃烧器，一般可以使得 NO_x 降低率达到 40%～65%。

相关低氮燃烧技术控制原理对比见表 2-3。

表 2-3 低 NO_x 技术控制原理比较

控制技术	适用对象	热力型				燃料性		应用难度	应考虑的问题			
		控制原理			影响程度	控制原理	影响程度		效率降低	出力下降	粉尘增加	系统复杂
		温度低	低 O_2	短时								
空气分级燃烧	都适用	▲	■		■	▲	■	●			■	

续表

控制技术		适用对象	热力型				燃料性		应用难度	应考虑的问题			
			控制原理			影响程度	控制原理	影响程度		效率降低	出力下降	粉尘增加	系统复杂
			温度低	低 O_2	短时								
燃料分级燃烧		大中型	▲	■		■	▲	■	●			■	
低过剩空气燃烧		都适用	■	■	■	●	■	■	■	▲		●	
烟气再循环		大中型	■		▲			▲	●	●	●		●
浓淡偏差燃烧		两个喷口	■	■		▲	▲	▲	▲			●	
低 NO_x 燃烧器	阶段	大中型	■	■		■	▲	■	▲			▲	
	浓淡	都适用	■		▲	■	▲	■	▲			▲	

注 控制原理：▲—有关系；■—关系密切。

影响程度：■—高；▲—中等；●—因设施类型而异。

应用难度：■—可维持现状；▲—要稍加修改；●—要翻新改造。

应考虑的问题：■—关系密切；▲—有关系；●—能获改进。

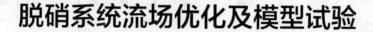

第 3 章

脱硝系统流场优化及模型试验

3.1 CFD 技术的简介

计算流体力学（CFD）是通过计算机的数值计算与图像显示，对包含有传质传热和流体流动等相关物理现象的系统进行的系统分析。该方法与传统的理论分析方法、实验测量方法组成完整的研究流体流动问题的方法体系，如图 3-1 所示。

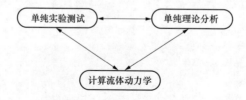

图 3-1　研究方法关联示意图

在计算流体动力学领域，CFD 不再是单纯的理论分析，而是更接近于试验的研究。因为研究过程中建立物理问题的数学模型及对模型的求解和对求解过程的处理，与实验室所做试验非常相似，计算结果形象的再现模型中的流动情景。而在计算机上完成一个特定模型的计算，就相当于在计算机上完成一次相应的物理实验。同时借助与计算机的计算功能，CFD 方法成功地克服了理论分析与实验测量两种方法的弱点。相对于传统实验方法，CFD 技术具有以下特点：

（1）数据的全面与整体性。通过 CFD 技术可以获得比实验方法更加全面而丰富的数据，其中有一些数据是通过实验测试难于得到的。

（2）高度灵活性。CFD 仿真技术的理论基础是基于流体力学的物理定律，能准确计算流体的流动特性。当缺乏实验数据和实践经验时，利用 CFD 进行设计、计算和分析，能解决工程上的问题，已达到加快工程进度，节省大量物力、财力和人力的目的。

（3）优化设计与创新。CFD 仿真技术不仅可以获得对流体机理的深入理解，还可得出工程过程中故障的根本原因，进而针对性地提出优化与改造方案，在传统研究与开发方法中，工程师对设想或创新思路难以进行验证。但借助 CFD 仿真技术，工程师可对新的思路或设想在电脑上进行直接验证，因此有利于设计的技术创新。

CFD 仿真技术流场计算的基本过程是在空间上用有限体积法将计算区域离散成许多小的体积单元，然后在每个体积单元上对离散后的控制方程组进行求解。求解离散后控制方程的方法可以分为耦合式解法和分离式解法，归纳后如图 3-2 所示。

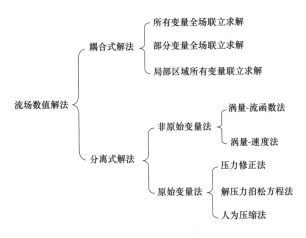

图 3-2　流场计算方法的分类

3.2 CFD 软件

目前，国内外用于计算流体力学的通用模拟计算软件已有很多，比较著名的有已被 ANSYS 公司收购的美国 Fluent 公司推出的 Fluent 系列，Gosman 等推出的 Teach 系列以及 Flow3D，以及英国 AEA 公司推出的 Star-CD 和 CFX 等。通用商业软件包一般包括三个部分，即前处理器、解算器和后处理器。

模拟研究中，普遍选择 Gambit 作为前处理器，Gambit 拥有先进的几何建模和网格划分方法，可以显著减少 CFD 应用中的前处理问题，同时可以和主流的 CFD 软件协同工作，从主流的 CAD/CAE 系统（如 ProE、IDEAS、CATIA、SOLIDWORKS、ANSYS、PATRAN）中导入几何图形，从而提高了几何建模的效率。

Fluent 作为解算器，Fluent 具有先进的动/变形网格技术、多网格支持功能、多种数值算法及众多的物理模型等功能，可以用于计算不可压缩流体和可压缩流体的复杂流动问题，还可准确地预测层流、过渡流和湍流、多种方式的传热和传质、化学反应、多相流和其他一些复杂的现象。

Tecplot 作为后处理器，Tecplot 能更形象化的分析一些科学数据，表达分析结果。从简单的 XY 散点图到复杂的 3D 动态录像，Tecplot 都可快捷地将大量的数据转换成容易了解的图表及影像。而且针对 Fluent 软件有专门的数据接口，可以直接读入.cas 和.dat 文件，也可以在 Fluent 软件中选择输出的面和变量，然后直接输出 Tecplot 格式的文档。

Fluent 软件与其他软件的配合关系如图 3-3 所示。

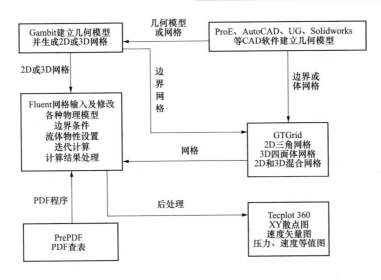

图 3-3 Fluent 软件包基本程序结构示意图

3.3 流体运动控制方程

经典流体力学理论认为：流体是充满整个流场区域的连续性介质，因此在流场中的每一个空间点上都能对介质的速度、压力、温度和密度等物理量进行定义,并能通过建立一系列的偏微分方程来描述介质的流动情况。基于流体连续介质假说，推导出介质的流动必遵循的质量守恒、能量守恒、动量守恒定律，即：流体流动过程中遵循守恒特性，流体介质的运动受到质量、能量、动量等物理守恒定律的控制。Fluent 中利用数学计算原理，运用偏微分方程组来对一个点上的物理量变化进行描述,质量守恒方程（连续性方程）、动量守恒方程（Navier-Stokes 方程）、能量守恒方程的统一书写形式如下

$$\frac{\partial \rho}{\partial t} + \mathrm{div}(\rho \boldsymbol{U}) = 0 \tag{3-1}$$

连续性方程表述的物理意义是单位时间内流体微元体中介质质量的变

化，等于同一时间间隔内流入与流出该微元体介质的净值量。

$$\frac{\partial(\rho u_i)}{\partial t}+\mathrm{div}(\rho u_i U)=-\frac{\partial p}{\partial x_i}+\mathrm{div}(\mu \cdot grad u_i)+\rho f_i \qquad (3-2)$$

Navier-Stokes 方程表述的物理意义是微元体中介质动量对时间的变化率等于环境施加于微元体上的多种作用力之和。影响动量守恒的外力较复杂，所以在 X、Y、Z 轴上都建立了描述动量守恒的偏微分方程。

$$\frac{\partial(\rho T)}{\partial t}+\nabla \cdot (\rho U T)=\nabla \cdot \left(\frac{k}{c_p}\nabla T\right)+S_T \qquad (3-3)$$

式（3-1）～式（3-3）中：ρ 为密度，kg/m^3；t 为时间，s；U 为速度矢量，m/s；u_i 为分量速度，m/s；μ 为动力黏度，$Pa \cdot s$；T 为温度，K；k 为传热系数；c_p 为比热容，$J/(kg \cdot K)$；S_T 为黏性耗散项。

能量守恒方程表述的物理意义是微元体内介质能量的增加，等于进入与流出微元体的净热流量之和再加上各个面上的外力对微元体所做功的净值。

3.4　数　值　模　型

在 SCR 系统中通常运用到的模型包括湍流模型、多孔介质模型、多组分反应模型以及 DPM 模型。

3.4.1　湍流模型

湍流流动是一种常见的自然界流体流动现象，在多数环境治理工程中，气体或液体的流动一般都处于紊流状态，并且气体或液体的湍流特性在工程效应中起到不容忽视的作用，因此，研究流体流动时湍流的特性一直被很多研究学者们高度重视。

流体实验表明，当流速很小时（即 *Re* 数低于某一值时），流体的流动是分层、平滑的，此种流动状态定义为层流；当流速持续增加后（即 *Re* 数大于某一值时），流体的流动就会出现波浪状等复杂的变化，流动表现为毫无规则的混乱运动状态。此种不稳定流动状态（即速度等流体的特性随机发生变化）定义为湍流，同时也被称为乱流、扰流或紊流。湍流流动的流体会有不同尺度的湍流涡，因此流体的湍流可以看作是由不同尺度的涡组合而成的流动，湍流的另一个重要特点是：涡的旋转方向和大小的分布都是随机不定的。计算湍流特性的困难性，导致发展出多种计算方法，包括：直接数值计算与间接数值计算，其中间接数值计算又分为三大类：大涡模拟法（large eddy simulation，LES）、Reynolds 平均法（reynolds-averaged navier-stokes，RANS）以及统计平均法，在方法的基础上又发展出多种计算模型。各类方法与模型的详细分类如图 3-4 所示。

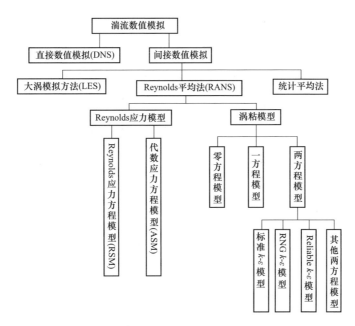

图 3-4　三维湍流数值模拟方法及相应的湍流模型

　　计算的难易程度依次为：直接数值计算难于间接数值计算、大涡模拟法难于 Reynolds 平均法难于统计平均法、Reynolds 应力模型难于涡粘模型。

根据流体流动的理论，SCR 系统中烟道与反应装置内的流体流动是三维湍流问题，气相场的主体数学模型为连续方程与 N-S 方程。但由于计算湍流的复杂性与考虑脉动的影响，目前广泛采用的是时间平均法来简化计算，即把湍流运动看作是由两个流动叠加而成：一个是时间平均流动；另一个是瞬间脉动流动。这样处理后的质量控制方程式（3-1）、动量控制方程式（3-2）、能量控制方程式（3-3）控制方程可分别表示为：

$$\frac{\partial}{\partial x_i}(\rho_g \overline{u}_i) = 0 \tag{3-4}$$

$$\frac{\partial}{\partial x_j}(\rho_g \overline{u}_i \overline{u}_j) = -\frac{\partial \overline{p}}{\partial x_i} + \frac{\partial}{\partial x_j}\left(\mu \frac{\partial \overline{u}_i}{\partial x_j} - \rho \overline{u_i' u_j'}\right) + S_i \tag{3-5}$$

$$\frac{\partial}{\partial x_i}(\rho_g \overline{u}_i T_g) = \frac{\partial}{\partial x_j}\left(\frac{k + k_t}{c_p} \times \frac{\partial T_g}{\partial x_j}\right) + S_T \tag{3-6}$$

式中：ρ_g 为烟气的密度，g/m^3；$\overline{u}_i$ 为气体的时均速度，m/s；$\overline{p}$ 为时均压力，Pa，$\rho \overline{u_i' u_j'}$ 为 Reynolds 应力项；μ 为气体动力黏度，$Pa \cdot s$；S_i 为源项；k 为分子传热系数；k_t 为湍流传热系数；S_T 为能量方程的源项；T_g 为烟气的温度，K；c_p 为比热容，$J/(kg \cdot K)$。

新增加的 6 个 Reynolds 应力未知量和原来的 5 个时均未知量，使得原来方程组不封闭，必须引进新的湍流模型（方程）才能使方程组封闭可解。由于标准 k-ε 模型考虑了对流和扩散对脉动速度的影响，因此被运用于计算有回流的流动及三维边界层流动。大量的模拟及其校验经验表明，该模型可成功的用于无旋及弱旋的回流流动。但 SCR 系统内不仅存在有弱旋的湍流流动，还具有高应变率（流线弯曲程度较大）和物质分离的流动。经修正后的 Realizable k-ε 湍流模型弥补了这方面的缺陷，能充分的考虑由湍流脉动引起的颗粒弥散现象。

针对 SCR 系统的模拟通常是稳态的，而且为不可压缩流体，没有自定义的源项。

标准 $k-\varepsilon$ 模型方程的通用模式可描述为：

湍动能 k 的控制方程（确认有没有 k）

$$\frac{\partial(\rho_{\mathrm{g}}k\overline{u}_i)}{\partial x_i} = \frac{\partial}{\partial x_j}\left[\left(\mu+\frac{\mu_{\mathrm{t}}}{\alpha_{\mathrm{k}}}\right)\frac{\partial k}{\partial x_j}\right] + G_{\mathrm{k}} - \rho_{\mathrm{g}}\varepsilon \tag{3-7}$$

湍动能耗散率 ε 的控制方程

$$\frac{\partial(\rho_{\mathrm{g}}\varepsilon\overline{u}_i)}{\partial x_i} = \frac{\partial}{\partial x_j}\left[\left(\mu+\frac{\mu_{\mathrm{t}}}{\sigma_{\varepsilon}}\right)\frac{\partial\varepsilon}{\partial x_j}\right] + C_{1\varepsilon}\frac{\varepsilon}{k}G_{\mathrm{k}} - \rho C_{2\varepsilon}\frac{\varepsilon^2}{k} \tag{3-8}$$

Realizable $k-\varepsilon$ 湍流模型方程的通用模式可描述为：

湍动能 k 的输运方程

$$\frac{\partial(\rho_{\mathrm{g}}k\overline{u}_i)}{\partial x_i} = \frac{\partial}{\partial x_j}\left[\left(\mu+\frac{\mu_{\mathrm{t}}}{\alpha_{\mathrm{k}}}\right)\frac{\partial k}{\partial x_j}\right] + G_{\mathrm{k}} - \rho_{\mathrm{g}}\varepsilon + S_{\mathrm{k}} \tag{3-9}$$

湍动能耗散率 ε 的输运方程

$$\frac{\partial(\rho_{\mathrm{g}}\varepsilon\overline{u}_i)}{\partial x_i} = \frac{\partial}{\partial x_j}\left[\left(\mu+\frac{\mu_{\mathrm{t}}}{\alpha_{\varepsilon}}\right)\frac{\partial\varepsilon}{\partial x_j}\right] + \rho_{\mathrm{g}}C_1E\varepsilon - \rho_{\mathrm{g}}C_2\frac{\varepsilon^2}{k+\sqrt{v\varepsilon}} + S_{\varepsilon} \tag{3-10}$$

其中，μ_{t} 是湍动黏度，可按式（3-11）进行计算

$$\mu_{\mathrm{t}} = \rho C_{\mu}\frac{k^2}{\varepsilon} \tag{3-11}$$

G_{k} 为湍动能产生项，可按式（3-12）进行计算

$$G_{\mathrm{k}} = \mu_{\mathrm{t}}\left(\frac{\partial u_i}{\partial x_j}+\frac{\partial u_j}{\partial x_i}\right)\frac{\partial u_i}{\partial x_j} \tag{3-12}$$

v 为运动黏度，可按式（3-13）进行计算

$$v = \frac{\mu}{\rho} \tag{3-13}$$

式中，α_{k}、α_{ε}、C_1、C_2 为常数，取值分别为 1.0、1.2、1.4、1.9；ρ 为密度，kg/m^3；μ 为动力黏度，$N \cdot s/m^2$；μ_{t} 为湍动黏度，$kg \cdot N \cdot s/m^2$；k 为湍动

能，J；ε 为湍动能耗散率，J/s；G_k 为湍动能产生项；ν 为运动黏度，$\mathrm{m^2/s}$。

当颗粒进入计算区域时，湍动能和耗散率都将会受到颗粒的影响。因此，在 k 方程和 ε 方程中添加源项 S_k 与 S_ε 来表示湍流修正项。但是，大量的试验结果表明，当液滴的浓度较低时，修正项是很小的，可以忽略不计。

3.4.2　多孔介质模型

由一系列小尺寸的蜂窝型催化剂组件排列而成的催化剂层，在整个 SCR 反应器的尺度上采用多孔介质模型来模拟。多孔介质模型是通过在动量方程中附加动力损失源项来模拟阻力作用，源项 S_i 可表述如下

$$S_i = \sum_{j=1}^{3} D_{ij}\mu u_i + \sum_{j=1}^{3} C_{ij}\frac{1}{2}\rho_g|u|u_i \tag{3-14}$$

式中：D_{ij} 为是渗透率；C_{ij} 为内部阻力因子。

3.4.3　多组分反应模型

模型中通过求解描述每种组成物质的对流、扩散和反应源的守恒方程来模拟混合和输运，其控制方程可描述为

$$\frac{\partial}{\partial t}(\rho Y_i) + \nabla \cdot (\rho \overline{u} Y_i) = -\nabla \overline{J}_i + R_i \tag{3-15}$$

$$J_i = -\rho D_{i,m} \nabla Y_i \tag{3-16}$$

式中：Y_i 为物质 i 的质量分数；J_i 为物质 i 的扩散通量；$D_{i,m}$ 为混合物中第 i 种物质的扩散系数；R_i 为化学反应的净产生速率。

组分质量守恒方程表述的物理意义是微元体内各种介质组分的质量对时间的变化率，等于通过微元体界面净扩散流量与通过化学反应产生的该组分的生产率之和。SCR 系统催化剂层内的催化反应采用体积反应与层流有限速率模型来求解，化学反应速率 r 作为源项在物质输运守恒方程中出现。r 可表述为

$$r = kC_{\mathrm{NO}}^{x} C_{\mathrm{O_2}}^{y} C_{\mathrm{NH_3}}^{z} \qquad (3\text{-}17)$$

层流有限速率模型通过 Arrhenius 公式来计算表观反应速率常数 k，k
可表述为

$$k = A \times \exp\left(-\frac{E}{R_{\mathrm{g}}T}\right) \qquad (3\text{-}18)$$

式中：A 为指前因子；E 为反应的表观活化能；R_g 为气体常数。

3.4.4　DPM 模型

当颗粒项的体积分数小于 10%时，装置内的气-固两相流可以用
Eulerian-Lagrangian 模型来进行计算，在 Eulerian-Lagrangian 模型中，气相
在 Eulerian 坐标中计算，而颗粒相在 Lagrangian 中进行计算，根据受力平
衡颗粒的方程可表示为

$$\frac{\mathrm{d}u_{\mathrm{p}}}{\mathrm{d}t} = F(\overline{u} + u' - u_{\mathrm{p}}) + g\frac{\rho_{\mathrm{p}} - \rho_{\mathrm{g}}}{\rho_{\mathrm{p}}} + F_{\mathrm{x}} \qquad (3\text{-}19)$$

其中

$$F = \frac{18\mu}{\rho_{\mathrm{p}} d_{\mathrm{p}}^{2}} C_{\mathrm{D}} \frac{\rho_{\mathrm{g}} d_{\mathrm{p}} \left|\overline{u} + u' - u_{\mathrm{p}}\right|}{24\mu} \qquad (3\text{-}20)$$

式中：$\overline{u}$、u' 分别为流体相的时均速度与脉动速度，m/s；u_{p} 为颗粒速度，
m/s；ρ_{g} 为流体密度，kg/m³；ρ_{p} 为颗粒密度，kg/m³；μ 为流体动力黏度，
N·s/m²；d_{p} 为颗粒直径，m；g 为重力加速度，m/s²；C_{D} 为曳力系数。

颗粒雷诺数 Re_{p}，其定义为

$$Re_{\mathrm{p}} = \left|\overline{u} + u' - u_{\mathrm{p}}\right| \frac{d_{\mathrm{p}} \rho_{\mathrm{g}}}{\mu} \qquad (3\text{-}21)$$

曳力系数 C_{D} 表达式为

$$C_{\mathrm{D}} = a_{1} + \frac{a_{2}}{Re_{\mathrm{p}}} + \frac{a_{3}}{Re_{\mathrm{p}}} \qquad (3\text{-}22)$$

对于球形颗粒，在一定的雷诺数范围内，上式中的 a_1、a_2、a_3 为常数。此外，作用于颗粒上的其他力，如：压力梯度力、旋转力、热泳力、Brown 扩散力、Saffman 升力等都概括在 F_x 中。

3.5 Fluent 模拟的步骤

采用 Fluent 对流体流动进行数值模拟，通常包括如下步骤：

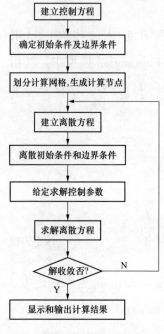

图 3-5 CFD 工作流程图

（1）建立反映工程问题或物理问题实质的数学模型，即建立求解问题各个量之间关系的微分方程，包括质量守恒方程、动量守恒方程、能量守恒方程，以及这些方程所需的边界条件。

（2）寻求高准确度、高效率的计算方法，主要是针对控制方程建立数值离散化方法，在 Fluent 中是有限体积法。

（3）设置边界条件和进行求解控制，这一部分工作包括计算网格划分、边界条件的输入、控制参数的设定以及初始条件等。

（4）结果显示，通过图表等方式显示模拟计算的结果，分析、检查和判断模拟结果是否有重要的参考意义。具体步骤如图 3-5 所示。

3.6 CFD 技术的运用

在环境工程领域，CFD 在二沉池的沉降性能、烟气净化装置、大气污染物的扩散、河流的泥沙沉降、室内空气质量的评价等方面得到广泛应用。其中在 SCR 装置性能与结构优化方面的运用更是成熟与普遍。

研究重点集中在烟气脱硝系统中烟气的均匀分布、NH_3 与烟气的混合效果对降低氨的逃逸率以及减少催化剂的用量和提高烟气的脱硝效率等问题的影响。如 Jin Man Cho 等采用数值模拟的方法对烟气脱硝装置中氨气的分布以及喷入进行了的优化和改进。David C. Wilhite 等运用 CFD 技术对 SCR 烟气脱硝系统中的结构进行了优化设计，流场分布得到了很大的改善。Bradley Adams 等采用 CFD 软件对反应器中还原剂的喷入和分布进行合理设计。Jin Man Cho 等用 CFD 软件对于运行的脱硝装置中还原剂的喷入和分布加以改进。国外还有人将 CFD 模型与物理模型进行比较。Milobowski 等使用台湾电力公司的台中 SCR 装置进行烟气流场数值模拟，模型计算值与一个 1/10 烟道实体结构模型得到的数据进行比较，数值计算得到的压降能与实体结构模型中得到的实验数据很好的吻合。Rogers 等还利用实物模型与 FLUENT 数值模拟比数据，在不同烟道与喷氨格栅结构下，对其温度、压力分布、烟气速度得分布进行了数值模拟研究，对 SCR 反应器进行优化设计。国内刘学义在 SCR 反应的数学模型中建立 Rideal 类型 $DeNO_x$ 速率方程进行计算，在所建立的 SCR 反应的数学模型中得出合理的传热、传质规律，然后将计算结果和实验数据进行比较。得出氨氮比、温度、催化剂孔道形状和两层催化剂层中间的空间长度等均对 NO 转化率存在影响。

3.7　操　作　案　例

　　利用 Gambit 建立结构模型并进行网格划分，运用 Fluent 进行模型计算与结果处理。将模拟的结果与实测值进行对照，不断优化所建立的结构模型与所设置的数值模型参数，对典型电厂 SCR 系统的烟气流场进行性能与优化研究，通过分析气流与氨氮混合均匀性，得出典型 SCR 系统的性能及其优化方案。

3.7.1 物理模型

为反应 SCR 系统中烟道与设备内烟气与喷氨的运动特性，依据某电厂 SCR 系统设计图纸等尺寸建立烟道与设备模型如图 3-6 所示。烟气从入口进入烟道，在导流板 1 与导流板 2 的作用下，均匀的与从 AIG（喷氨格栅管道）喷出的 NH_3 接触混合；为促使混合后的烟气均匀到达催化剂上层，以及均匀的流过上、下催化剂层，在 AIG 后的烟道内布置了导流板 3、导流板 4、导流板 5 与均流格栅，在这个过程中 NH_3 与烟气不断地通过湍流与扩散方式进行混合；混合后的 NH_3 与 NO_x 在催化剂的作用下反应生成 H_2O 与 N_2，最终在出口烟道导流板的作用下均匀的进入空气预热器。图中的 S-1、S-2、S-3 与 S-4 是监测 SCR 系统性能的重要截面，能有效反应 SCR 系统内的流场分布、脱硝效率以及氨逃逸率，也是采集与实测数据相互对照的模拟数据的断面。

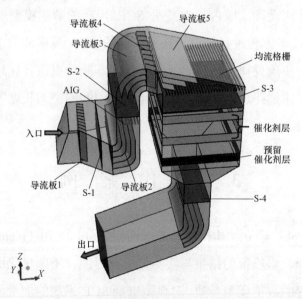

图 3-6　SCR 系统的结构与监测断面

AIG 系统的喷嘴结构以及内外的喷氨主管对流场影响很小，因此在结构模型中主要考虑喷氨支管对流场的影响。NH_3 经空气稀释，在高压作用下通过喷氨支管上的喷氨小口喷入烟气烟道，图 3-7 显示了 SCR 系统烟道内 AIG 的布置方式与喷嘴分布，一共 6 列，每一列分为 4 组，每一组对应着一个控制阀门。这样的设置可以根据流场的分布来进一步调整每一区域的喷氨量。

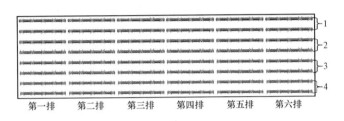

图 3-7　喷氨结构示意图

3.7.2　Gambit 建模与网格划分

Gambit 中没有坐标定位，对于不规则与有曲面的模型结构，建模过程一般为：先定点，由点画线，由线组面，由面构体。定点时，移动复制功能利用较多，根据 CAD 图纸确定点与点间的距离关系，这也导致结构优化时或尺寸变动时，要在整个模型中确定位置比较难。依据经验，定点过程中可以在纸上也画出结构，并标注一切关键点的相对位置，为后面的修改与优化提供便利。另一个关键注意点是：相邻体间的接触面需要融合、共用，不能同时存在两个面分别属于相邻的体，这会导致计算时，流体在两个体积间的不流通。保守的做法是缺陷出现一处，处理一处，避免出现不易发现的错误。

结构建好后开始对分块体积进行网格划分，对于规则的区域一般采用六面体网格或六面体与楔形网格，不规则区域采用四面体与混合网格。同时，这也是一个结构分块的过程，因为对于较规则的体积，一般先采用六面体网格进行划分；当出现错误时，可以对该体积进行分块，使该体积的大部分区域能用六面体网格进行划分,小部分区域用四面体网格进行划分。这样可以在保持网格质量的条件下,缩小网格的数量。基于计算精度对于网格质量与计算机容量间的相互限制,划分网格是一个多次尝试到最后成功的过程。其一因计算精度要求与结构规则性的限制,导致不同的区域需要不同的网格尺寸与网格类型,这将导致整个结构的网格数量无法一次性准确估计。

典型 SCR 网格设计如图 3-8 所示,前期对均流格栅的研究表明,将均流格栅设定成多孔介质的做法不值得提倡,因为多孔介质模型的局限性,不能对流场产生实质性的影响,仅仅对压降进行计算。但是密集的均流格栅板给整个模型的网格设计带来了很大的麻烦,因为如果相邻格栅间的网格数量少会导致该区域的计算结果非常不准确。因此,在不显著影响均流格栅实际导流效果的情况下,对均流格栅板进行删减并进行网格细化处理。同时,流场的模拟结果表明:六面体网格对均流格栅区域进行划分的效果远没有用四面体对其进行划分的好。鉴于导流板与喷氨格栅区域的不规则性,需要四面体网格绝对适应性才能画出网格;在规则的区域,利用六面

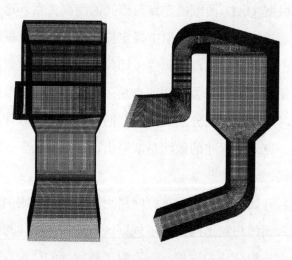

图 3-8　典型 SCR 网格设计

体网格能有利降低网格数量的同时还保持流场计算的准确性。因此，采用混合网格技术对计算模型进行网格划分，其中喷氨格栅区域与均流格栅区域采用四面体网格，其他规则区域采用六面体网格进行划分，最后对模型进行网格无关性分析。

3.7.3　数值模型

烟道与设备内紊流的求解，采用时均方程加湍流模型的方法。把紊流流动看作平均流动和脉动流动的叠加，脉动流动对流场的影响通过湍流模型来表述。本文采用的时均控制方程与 Realizable $k-\varepsilon$ 湍流模型运输方程可表示为（假定研究的流场为三维定常流场，省略瞬态项）

$$\frac{\partial}{\partial x_i}(\rho_\mathrm{g}\overline{u}_i) = 0 \tag{3-23}$$

$$\frac{\partial}{\partial x_j}(\rho_\mathrm{g}\overline{u}_i\overline{u}_j) = \frac{\partial \overline{p}}{\partial x_i} + \frac{\partial}{\partial x_j}\left[\mu + \frac{\partial \overline{u}_i}{\partial x_j} - \rho\overline{u_i'u_j'}\right] + S_i \tag{3-24}$$

$$\frac{\partial(\rho_\mathrm{g}k\overline{u}_i)}{\partial x_i} = \frac{\partial}{\partial x_j}\left[\left(\mu + \frac{\mu_\mathrm{t}}{\alpha_\mathrm{k}}\right)\frac{\partial \varepsilon}{\partial x_j}\right] + G_\mathrm{k} - \rho_\mathrm{g}\varepsilon \tag{3-25}$$

$$\frac{\partial(\rho_\mathrm{g}\varepsilon\overline{u}_i)}{\partial x_i} = \frac{\partial}{\partial x_j}\left[\left(\mu + \frac{\mu_\mathrm{t}}{\alpha_\varepsilon}\right)\frac{\partial \varepsilon}{\partial x_j}\right] + \rho_\mathrm{g}C_1E\varepsilon - \rho_\mathrm{g}C_2\frac{\varepsilon^2}{k + \sqrt{v\varepsilon}} \tag{3-26}$$

方程中各种常数与湍流普朗特数采用 Fluent 默认数值。

催化剂层采用多孔介质模型来模拟，通过在动量方程中附加动力损失源项来模拟阻力作用，蜂窝型催化剂的阻力项可省略黏性阻力，只考虑惯性阻力，因此，源项 S_i 可表述如下

$$S_i = \sum_{j=1}^{3} C_{ij} \frac{1}{2} \rho_\mathrm{g}|u|u_i \tag{3-27}$$

考虑管道中烟气与氨的混合、反应特性，需加入组分反应模型，组分输运方程可描述为

$$\frac{\partial}{\partial t}(\rho Y_i) + \nabla \cdot (\rho \overline{u} Y_i) = -\nabla \overline{J}_i + R_i \qquad (3-28)$$

$$J_i = -\rho D_{i,m} \nabla Y_i \qquad (3-29)$$

不同物质的化学反应速率 r 作为源项中的一部分，附加在物质输运守恒方程中，SCR 系统中 r 可表述为

$$r = kC_{NO}^x C_{O_2}^y C_{NH_3}^z \qquad (3-30)$$

其中表观反应速率常数 k，k 可表述为

$$k = A \times \exp\left(-\frac{E}{R_g T}\right) \qquad (3-31)$$

式中：A 为指前因子；E 为反应的表观活化能；R_g 为气体常数。

3.7.4 边界条件

被选择电厂 SCR 系统机组负荷为 660MW，单个 SCR 系统处理的烟气量约为 110 万 m^3/h（标况下），现场发现喷氨格栅支管的流量阀门开度都是一样的，即每根支管的喷氨量是一样的。从 SCR 系统监控画面得出 NO_x 浓度均值约为 920mg/m^3，在此工况下，模型中烟气组分的质量分数设定为 19.6%的 CO_2、4.2%的 O_2、4.1%的水汽、0.04545%的 NO，剩余的为 N_2；稀释氨组分的质量分数设定为 23.8%的 O_2、3.0%的 NH_3，剩余的为 N_2，即 NH_3/NO 均值为 0.9。根据工况与 SCR 各部分结构尺寸，设定模型的边界条件：烟气入口速度为 14.3m/s、烟气温度为 367℃，出口压力为 0Pa，喷氨入口速度为 11.3m/s，氨温度为 27℃。

催化剂层采用多孔介质模型进行计算，厂家提供催化剂的空隙率为 0.77，蜂窝型催化剂的阻力项可省略黏性阻力，只考虑惯性阻力，即 $S_i = \sum_{j=1}^{3} C_{ij} \times \frac{1}{2} \rho |u| u_i$，依据技术协议得单层催化剂压降约为 200Pa，烟气密度 ρ=1.225kg/m^3，对于 100%开孔时的 Z 轴方向上的压力损失系数值 K'_L =

19.15，Z 轴上的内部损失因子 $C_2 = \dfrac{K'_{\mathrm{L}}}{\Delta n} = 14.73$，催化剂的厚度 $\Delta n = 1.3\mathrm{m}$，同时 X 与 Y 轴上的内部损失因子 $C_2 = 3200$。

考虑催化剂内 NH_3 与 NO 的反应，化学反应公式为

$$4NH_3 + 4NO + O_2 \xrightarrow{\text{催化剂}} 4N_2 + 6H_2O \qquad （3\text{-}32）$$

按照 Eley-Rideal 机理，反应式（3-32）发生在强烈吸附于催化剂表面活性位的 NH_3 和微弱吸附的 NO 之间。当 NH_3/NO 接近 1 时，反应速率与 NH_3 成零级反应，与 NO 成一级反应，即不受 NH_3 浓度的影响。同时，在火电厂烟气组分条件下，O_2 含量较高，反应式（3-32）与 O_2 成零级反应。经多次试验，表观反应速率常数 k 中的指前因子 A 设定为 1.05×10^4，反应的表观活化能 E 设定为 $4.82 \times 10^4 \mathrm{J/mol}$。

3.7.5 模型论证

分析前，在结构模型网格无关性分析的基础上，需要对模型的准确性进行论证，在论证的过程中不断对模型的物理结构、网格质量、数值模型进行优化与修正，促进模拟结果能准确反应 SCR 系统内物理场的分布与变化。

3.7.5.1 速度场的论证

S-2 上的测点分布如图 3-9 所示，图 3-10 为 S-2 上测点 4 与测点 9 的速度分布值，以及与之对应的实验值。从图中可看出：各速度点上两者之

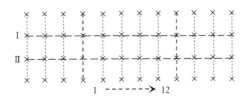

图 3-9　S-2 上测点分布

间的相对误差均在 4%左右，虽然实测值有些波动，但模拟值和实验结果吻合较好。

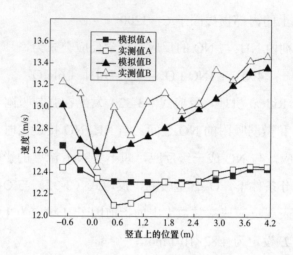

图 3-10　数值模拟与试验速度的对比

S-2 断面上 I 与 II 上测点的速度值与实测值间的对比如图 3-11 所示，从图中可看出：模拟值与实测值之间的速度分布趋势完全一致，呈现中间区域速度低，两边高的趋势。各速度点上两者之间的相对误差均小于 4.2%，模拟值和实测结果吻合较好。

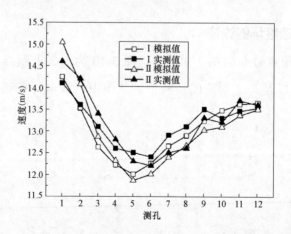

图 3-11　S-1 上速度的模拟值与实测值对照

3.7.5.2　压降的论证

图 3-12 显示不同区域间压降模拟值与实测值的对比，从图中可以看出：模拟值与实验值之间两层催化剂压降的相对标准误差为 6.4%，表明：在蜂窝型多孔介质模型中，省略催化剂阻力项中的黏性阻力，再通过式（3-27）设定 Z 轴方向上的惯性阻力系数的方法，能准确反应催化剂层的压降（条件设定时考虑的单层催化剂压降为 200Pa，数值计算的结果为198Pa）。

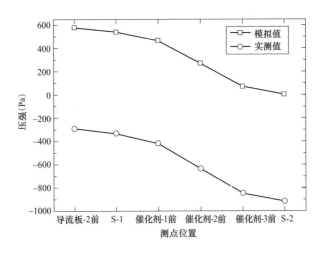

图 3-12　相邻界面间压降的模拟值与实测值对照

3.7.5.3　NO_x 浓度场的论证

现场测试出口烟道处截面 S-4 的 NO_x 浓度分布与对应测孔 NO_x 浓度模拟值见表 3-1，可以明显看出：模拟值整体大于试验测试值，但不同测孔间两者 NO_x 的分布趋势非常一致。试验测试 NO_x 脱除效率为 89.7%（1−59.1/575），数值计算 NO_x 脱除效率为 86.3%（1−82.5/600），相对误差为2.9%，即证明在所建立的数值模型条件下，反应参数中指前因子 A 的设定（$1.05×10^4$）与表观活化能 E 的设定（$4.82×10^4$J/mol）能准确反映催化剂中NO_x 的净化效率。

表 3-1   出口 NO$_x$ 浓度模拟值与实测值的对照

序号	测点 1	测点 2	测点 3	测点 4	均值	模拟均值
测孔 1	74.5	81.8	90.9	102.7	87.5	101.3
测孔 2	61.8	65.5	73.6	86.4	71.8	90.5
测孔 3	55.5	65.5	73.6	96.4	72.7	86.3
测孔 4	46.4	53.6	44.5	40.9	46.4	78.4
测孔 5	29.1	28.2	44.5	35.5	34.3	71.0
测孔 6	30.0	40.9	44.5	50.0	41.4	67.2
均值	49.5	55.9	62.0	68.6	59.1	82.5

3.7.6 结果分析

3.7.6.1 烟气流场

入口烟道 Y 轴断面上的烟气分布云图如图 3-13 所示,从图中可以看出:在烟道 AIG 前,由于导流板 2 的影响使得烟气在 Y 轴断面上的分布比较均匀。但也只是在喷氨格栅前比较均匀,在 AIG 后,烟气在烟气惯性的作用下,又呈现出左低右高的趋势,因此拐角处导流板的设计除了起到均匀导流的作用外,还需要尽量地消除烟气在水平方向上的流动惯性。

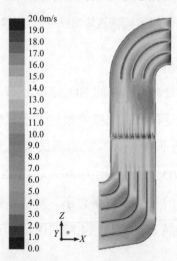

图 3-13   入口烟道 Y 轴断面上的烟气分布云图

图 3-14 显示了 AIG 区域、S-2 与 S-3 上的速度分布云图，从图中可以看出：喷氨格栅的上下与第一层催化剂上，烟气的速度分布并不均匀。在 S-2 上，这种不均匀性表现为左小右大，上小下大，较大区域烟气的速度约为 17.5m/s，较小区域烟气的速度约为 9.5m/s。相比于 S-2，AIG 区域断面上的速度分布更加不均匀，这表明 AIG 的存在能促进 S-2 上烟气的均匀性分布，但其促进程度不能满足工程实践的需求。S-3 上的速度分布很混乱，整体趋势与 S-2 的分布一致，即为左小右大，上小下大。成都东方凯特瑞环保催化剂有限责任公司的现场运作经验得出：断面 3 上的速度分布特性将导致左边催化剂被灰尘堵塞，右边催化剂被烟气吹蚀。这种现象不仅发生在第一层催化剂上，同时也发生在第二层催化剂上，也表现为左边催化剂易被灰尘堵塞，右边催化剂易被烟气吹蚀。依据脱硝技术协议的设计要求：催化剂上层烟气速度最大偏差小于平均值的±15%，S-2 与 S-3 上速度的平均值分别为 14.1m/s 与 4.1m/s（通过 Fluent 软件中 Surface Integrals 功能计算得出），可以明显得出：在 S-2 与 S-3 上的速度分布均不满足设计要求。

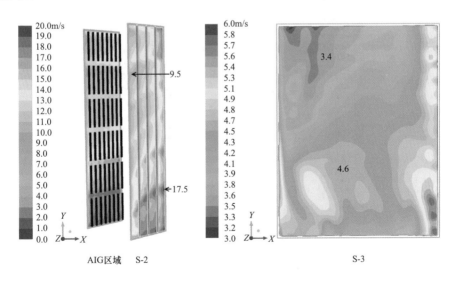

图 3-14　AIG 区域、S-2 与 S-3 上的速度分布云图

图 3-15 显示了导流板 1 后 S-1 上烟气分布的速度云图，从图中可以看出：从 1～9，由于导流板的倾斜角度不断加大，烟气流经导流板后流动方向将向右倾斜。这导致右边区域的烟气速度增大，而导流板正后方将出现烟气低速区。在 S-1 上，流经 4、5、6 的烟气，补充了 7、8、9 正后方的烟气流动速度；而 1、2、3 的倾斜角度小，使流经 1、2、3 的烟气将仍然主要分布在烟道的左边区域。因此，S-1 上呈现出两边速度大，而中间速度小的烟气分布特性。图 3-14 中 AIG 区域与 S-2 上速度上小下大的分布特性也是由烟气的这种流动惯性所导致的（图 3-14 中下方对应图 3-15 中的右边）；AIG 区域与 S-2 上左右速度分布特性是由导流板 2 的结构所决定的，烟气在导流板 2 的引导作用，流动方向发生 90°的变化。但水平方向上的流动惯性并没有完全转变为竖直方向上的流动惯性，这就是 S-2 上右边烟气速度稍大于左边速度的原因。在竖直方向上延长导流板 2 能有效改善这种现象。S-3 上烟气不均匀分布的原因与 S-2 一样，上小下大的分布现象是由缩放区域的导流板 4 引起的烟气倾斜流动惯性所导致的；近右壁面较大速度区域是由导流板 5 所导致的。

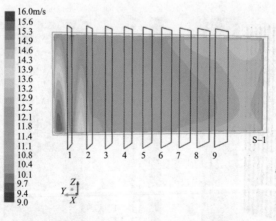

图 3-15 S-1 上速度分布云图

要优化 S-2 与 S-3 上的速度分布不均的情况，就必须改变烟气流经导流板 1 与导流板 4 后倾斜的流动惯性。

60

图 3-16 显示了出口烟道处 Y 轴断面上的烟气流速分布云图,从图中可得:由于第三层催化剂的安装位置接近烟道出口,所以在催化剂区域的中间位置烟气速度较大,而催化剂区域的四周烟气速度较低。如果安装上第三层催化剂,由于烟气的分布特性,将发生第三层催化剂中间区域易被烟气吹蚀,四周易被灰尘堵塞的情况。因此在安装第三层催化剂时需考虑烟气速度分布的情况,离出口烟道要有一定的距离。

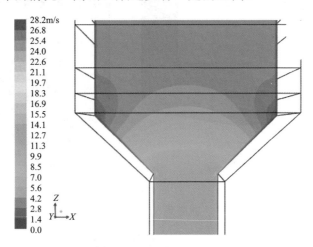

图 3-16　出口烟道处 Y 轴断面上的烟气流速分布云图

3.7.6.2　组分浓度场

SCR 反应器内 NO_x 与 NH_3 混合的均匀性对于 NO_x 的脱除有决定性作用,图 3-17 展现了 Y 轴截面 NO 在烟气中的 mol 百分比云图,原烟气中 NO mol 百分比为 4.48×10^{-4},经喷氨混合后,第一层催化剂上截面 NO mol 百分比为 4.24×10^{-4}(图中值为横截面通过 Surface Integrals/Mass-Weighted Average 功能得出的均值)。两层催化剂的脱除效率分别为 68.6% 与 69.6%,总的脱除效率为 90.4%,因为取的是均值,导致脱除效率显得有点高。从 3-17 中可以看出:经催化还原后,此 Y 轴截面上 NO 浓度分布非常均匀,即催化反应进行的很均匀。图 3-18 展现了 Y 轴截面 NH_3 在烟气中的 mol 百分比云图,从图中可以看出:均匀喷氨后,由于烟道中烟气的不均匀性,

导致此 Y 轴截面上烟道左侧与右侧的 NH_3 浓度分布存在差异，进而使第一层催化剂上、两次催化还原反应后 NH_3 浓度分布都具有不均匀性。同时，这种不均匀性在横截面上表现的更加突出。

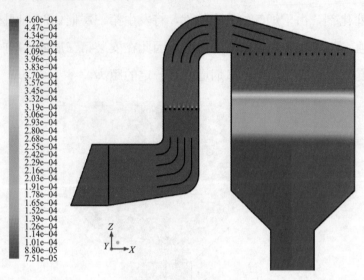

图 3-17 Y 轴截面 NO mol 百分比云图

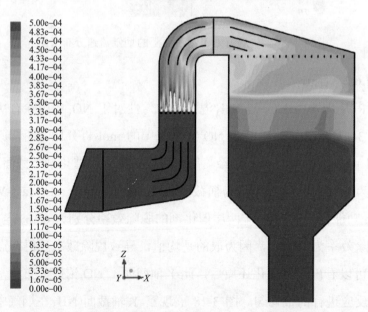

图 3-18 Y 轴截面 NH_3 mol 百分比云图

图 3-19 为第一层催化剂后一截面上 NO 与 NH_3 的 mol 百分比分布云图，从图中可以看出：经过一层催化剂反应后，NO 的浓度分布亦然保持基本均匀的状态；但 NH_3 浓度在图中的下半区域很小，这将导致对应的第二层催化剂该区域 NO 净化能力很小，而 NH_3 浓度大的其他区域则会因为催化还原反应不及时，导致 NH_3 的剩余。

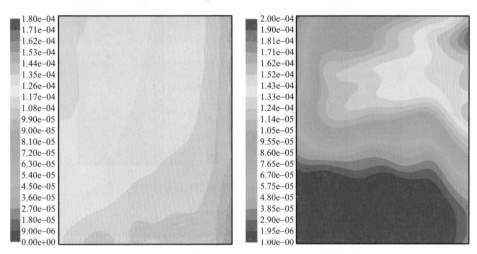

图 3-19　第一层催化剂后一截面上 NO 与 NH_3 的 mol 百分比云图

图 3-20 显示的位于出口烟道处截面 S-4 上 NO 与 NH_3 的 mol 百分比分布云图证实了上述分析，图中 NO 浓度分布差异性越来越大。NH_3 的逃逸存在区域性，试验测定 NH_3 逃逸浓度变化范围为 0～24μL/L，分布趋势与图 3-20 中一致。

3.7.6.3　压力场

图 3-21 显示 Z 轴截面上压强分布的云图，从图中可以看出：烟道内压降的产生是由于烟气流动方向的改变，尤其在烟道扩张处，导流板 1 强制对烟气流向的急剧引导产生约 90Pa 的压降。催化剂层区域的压降很均匀，随着烟气流进厚度的增加，压降匀速增加，主要原因是设定的催化剂性质是统一的，没有考虑不同区域催化剂的堵塞与损坏。同时，经过催化剂层

的阻挡，烟气流动的不均匀性也得到了很大改善。

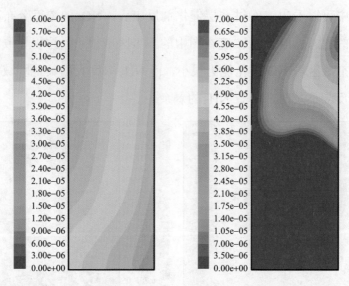

图 3-20 截面 S-4 上 NO 与 NH₃ 的 mol 百分比云图

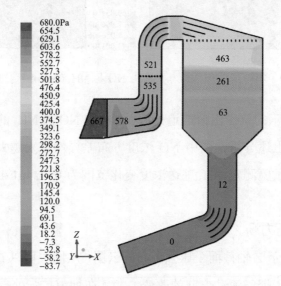

图 3-21 Y 轴截面压强分布云图

3.7.7 优化结构

针对需改变烟气流经导流板后倾斜的流动惯性，设计的优化导流板结

64

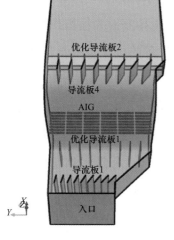

图 3-22 导流板的优化结构

构如图 3-22 所示,主要是在导流板 1 与导流板 4 后分别增加一段竖直的优化导流板 1 与优化导流板 2。必须指出的是优化导流板 1 不能设在烟道缩放区域的中间或接近导流板 1,因为设在这两处会削弱导流板 1 的导流功能;优化导流板 2 则是导流板 4 的竖直延伸。这样设计主要取决于缩放区域烟道的长度。

3.7.7.1 优化结构流场分析

图 3-23 的左、中部显示了优化后 AIG 区域、S-2 与 S-3 上的速度分布云图,通过与前述优化前工况的对比可以得出:由于竖直的优化导流板 1 与优化导流板 2 对烟气倾斜流动惯性的改变,截面上烟气上小下大的不均匀特性得到很大的改善。AIG 区域与 S-2 上大部分区域烟气的速度约为 13.5m/s (平均速度约为 14.1m/s);S-3 上绝大部分区域的速度非常接近平均速度 4.1m/s,满足脱硝技术协议规定的设计要求,即优化导流板 1 与

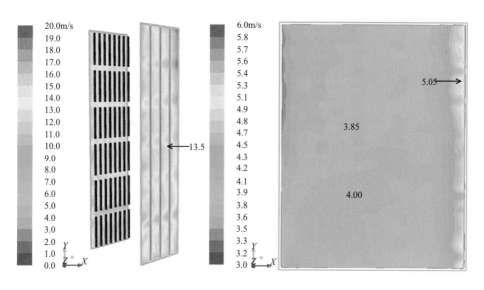

图 3-23 优化后,AIG 区域、S-2 与 S-3 上的速度分布云图

优化导流板 2 的设计是成功的。但左右的近壁面区域仍然不合格,这需要对导流板 5 的结构进行优化才能解决。同时,优化导流板并没有使烟气产生巨大的紊流与流动方向的变化,因此,优化后设备的压降基本没有变化。

3.7.7.2　优化结构 NH_3 浓度分布分析

图 3-24 显示了优化后 S-3 上 NH_3 的 mol 百分比分布云图,从图中可知:由于 AIG 区域与 S-2 上烟气速度的均匀化分布,在均匀喷氨的情况下,氨与烟气混合得非常均匀,促使在 S-3 上 NH_3 的 mol 百分比分布基本一致,最大区域与最小区域之间 NH_3 的 mol 百分比分布的差异性仅为 $4×10^{-5}$,远小于原来的 $1.46×10^{-4}$(混合后烟气中 NH_3 的 mol 百分比约为 $4.04×10^{-4}$),满足脱硝技术协议上"催化剂上层氨氮摩尔比的最大偏差小于平均值 ±5%"的要求。

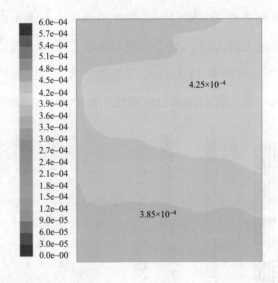

图 3-24　优化后,S-3 上 NH_3 的 mol 百分比分布云图

第4章

脱 硝 催 化 剂

催化剂是燃煤电厂 SCR 装置中的主要部件，合理地选择催化剂直接关系到烟气的脱硝效率，同时 SCR 催化剂的设计也是脱硝技术的关键因素，选择和设计密不可分。本章将结合工程的需要，对催化剂的分类和反应机理作较为详尽的介绍。

4.1 催 化 剂 的 分 类

SCR 催化剂可以根据原材料、结构、用途等标准进行分类。用于 SCR 系统的商业催化剂主要有四类：贵金属催化剂、金属氧化物催化剂、沸石催化剂及活性炭催化剂。

4.1.1 贵金属催化剂

早在 20 世纪 70 年代，主要是贵金属催化剂，其中以 Pa、Rh、Pd 等贵金属作为活性部分，常以颗粒的 Al_2O_3 整体陶瓷作为载体。这类催化剂具有较高的低温催化活性，常以 CO 或碳氢化合物等作为还原剂，早年主要应用于汽车排放控制领域。贵金属催化剂虽然活性较高，但是反应过程中容易造成二次污染，而且 N_2 选择性并不高，且其活性温度窗口很窄、催化剂成本高、对 SO_2 中毒十分敏感并且容易发生氧抑制，价格昂贵，贵金属催化剂逐渐被金属氧化物催化剂所取代。

An Weizhu 等人制备了一系列 Pt/FC（氟化活性炭）整体催化剂，起活温度约为 170℃，在 144001/h 条件下，NO 最高转化率可达 80%，还原剂可完全转化。此外，该催化剂较出色的抗水抑制性能，在反应气体中添加了 4%的 H_2O 后，对 NO 转化率基本无影响。

Kondratenko 等人发现在 O_2 和 H_2 共存时，Ag 作为活性组分也表现出了良好的脱硝性能，Ag/Al_2O_3 催化剂具有很好的低温活性。

单原子催化其独特的新性能得到广大学者的关注，表面自由能和比活性随着粒子尺寸成反比（见图 4-1），单原子催化以极低的负载量达到优异的催化效果，较大地提高了原子的利用率。Zhang Z 等学者首次提出了单原子催化的概念，并成功制备出了 Pt_1/FeO_x 单原子催化剂，在以 H_2 还原剂还原 NO 的反应中，0.06% Pt_1/FeO_x 的单原子催化剂在 200～280℃温度范围内 NO 转化率几乎达到 100%。

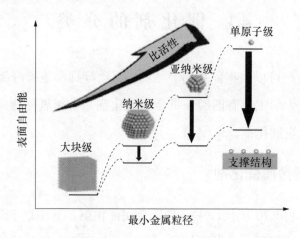

图 4-1　表面自由能和比活性与粒子尺寸的关系

目前，以贵金属为活性组分的单原子催化剂以极低的负载量达到优异的催化效果，大大降低了成本，在脱硝催化剂领域也展现了巨大的应用前景。

4.1.2 金属氧化物催化剂

4.1.2.1 钒基催化剂

金属氧化物催化剂主要以 TiO_2 为载体，活性成分主要是 V_2O_5、V_2O_5–WO_3、V_2O_5–MoO_3。钒基催化剂的活性温度一般在 $300\sim400℃$，该类催化剂不仅脱硝效率高而且具有较强的热稳定性，可以维持三年的工业寿命，抗硫性良好。

助剂的加入能够改善钒基催化剂的催化活性、抗水性和耐硫性。引入 Mo、Cu、W、Si、Pd、Sb、Ce 作为助剂能够改善催化剂的性能，提升 NO_x 转化率（见表 4-1）。MoO_3 不仅能够降低 V_2O_5/TiO_2 催化剂的反应温度，而且能够扩大反应的温度窗口，大大提升了催化剂的 NH_3-SCR 反应性能。WO_3 能有效促进聚合钒酸盐的形成，在 NH_3-SCR 反应中聚合的钒酸盐是比单一的钒氧化物具有更为活泼的活性位点，可以提高 NO_x 的转化率。

表 4-1　　　　　　　　　　催 化 剂 性 能 对 比

催化剂	转化率（%）	温度（℃）
V_2O_5/TiO_2	＞90	$150\sim400$
V_2O_5-WO_3/TiO_2	＞90	$250\sim400$
Cu-Sb-V_2O_5/TiO_2	＞87	$220\sim500$
Cu-V_2O_5/WO_3-TiO_2	＞90	$275\sim400$

Huang 等人发现引入 Cr 作为助剂能够明显改善 V_2O_5/TiO_2 催化剂的脱硝性能，当 Cr/V 的质量分数达到 5.5% 时，在 $160\sim300℃$，NO 转化率可达到 90% 以上，与此同时催化剂的抗硫性较好。而用 Sb 作为助剂，不仅能够提高催化剂 $150\sim400℃$ 温度范围内的 NO_x 转化率，同时提高催化剂抗水耐硫性。

然而，并非所有助剂的加入都能改善钒基催化剂的脱硝性能。Choo

等人发现 BaO 与 V_2O_5 反应易于生成无催化活性的 V-O-Ba，引起 V_2O_5/TiO_2 催化剂的失活；而在催化剂中引入 SO_4^{2-}，可以有效抑制催化剂的失活，但是催化剂表面硫酸盐会随着温度的升高而分解，催化剂会再次失活。

目前，钒基催化剂依然面临着低温活性差、生物毒性强、二次污染严重等缺陷，开发具有良好低温活性的无钒催化剂作为替代品已经引起了世界各国研究人员的广泛关注。

4.1.2.2　铁基催化剂

铁基催化剂以 Fe_2O_3 为基础，添加 Al_2O_3、SiO_2、CrO_x，以及微量的 MgO、TiO_2、CaO 等组分，此类催化剂提供大比表面积的微孔结构，在 SCR 反应中活性极小，与钒基催化剂活性要低近 40%。

早在 1981 年，Kato 等人发现铁基催化剂 Fe_2O_3/TiO_2 在 350～450℃温度范围内具有很高的 N_2 选择性以及脱硝活性，当 NO_2/NO 的比例为 0.5 时脱硝性能最佳。2015 年，研究小组利用浸渍法制备了一系列不同 Fe 负载量的 $Fe/WO_3\text{-}ZrO_2$ 催化剂，发现 Fe 的负载量对催化剂的性能有很大的影响，当 Fe 的负载量为 3% 时催化剂的活性最佳，在 400～550℃温度范围内脱硝效率可达 80% 以上。

此外，通过增加 Lewis 酸位点也是提高铁基催化剂脱硝活性的重要方法。在 2015 年，Wu 等人用共沉淀法以硫酸钛和乙酸锰为前驱体制备了 $FeMnTiO_x$ 催化剂的过程中，发现引入 CTAB（十六烷基三甲基溴化铵）可以在催化剂上形成更多的 Lewis 酸位点，有利于 NO 在催化剂表面吸附，更加有利于 NO 的转化。

Larrubia 等人探索 $Fe_2O_3\text{-}TiO_2$ 催化剂的 NH_3-SCR 反应机理，NH_3 首先吸附在 $Fe_2O_3\text{-}TiO_2$ 催化剂表面形成中间物种，然后再分解成 N_2 和 H_2O 或生成 N_2O。

铁基催化剂成本相对低廉，对环境无污染，在其活性温度范围内有较好的活性，然而铁基催化剂催化活性温度偏高，将其用于燃煤火电厂脱硝催化剂的经济代价较大，虽然引入助剂后也能表现出不错的中温活性，但是提高铁基催化剂的低温活性仍有待于进一步研究。

4.1.2.3　锰基催化剂

近年来，相比其他过渡金属，锰基催化剂表现出优越的低温催化性能而受到广泛关注。用剂显示出了非常好的低温活性。用浸渍法制备的 MnO/Al_2O_3 催化剂在无 SO_2 和 H_2O 的条件下，150℃时 NO 转化率可达72%，其稳定性不佳，在 50h 内的转化率急剧下降，之后逐渐稳定在40%左右。

研究发现不同价态的锰基催化剂对 NH_3-SCR 的活性与选择性影响很大，主要取决于催化剂的结晶程度与锰元素的价态，不同氧化态的 M_NO_x 的 SCR 活性顺序为：$MnO<Mn_3O_4<Mn_2O_3<Mn_5O_8<MnO_2$。纯 M_NO_x 催化剂虽具有良好的低温活性，但是其抗 SO_2 和 H_2O 差，催化剂容易中毒，活性被抑制甚至失活。但是这种失活是可以恢复的，当通入 SO_2 和 H_2O 时，催化剂脱硝效率下降，但停止通入 SO_2 和 H_2O 后脱硝效率提升到90%左右。

Qi 等人发现引入 Fe 与 Ce 锰基催化剂，Ce 可提高催化剂上 NO_x 的转化率，而 Fe 在提高催化剂的活性与选择性的同时还提高了催化剂的抗水耐硫性。

Wu 等人发现 Ce 掺杂 MnO_x/TiO_2 后，催化剂的活性窗口向低温偏移，而且催化剂的抗硫性也有所提高，主要是因为 Ce 的加入增加了催化剂表面活性氧数量，促进了催化剂的氧化还原能力，进而提高催化剂的活性。

Kong 等人发现在 MnO_x/TiO_2 加入 W 后，可以提升催化剂在 280～400℃的活性，在 180～400℃温度范围内 NO_x 的转化率均在 95%以上。加入 Cr 能增加 Fe-Mn 催化剂表面 Lewis 酸位点，有利于中间物体的形成，进而提高了催化剂的催化性能。此外，铜氧化物也能提高锰基催化剂的低温 SCR 性能。

4.1.3 沸石催化剂

分子筛催化剂具有较宽的活性温度窗口，在中高温温度范围内皆表现出较好的活性。

Qi 等人制备了 Fe/ZSM-5 在 350～480℃温度范围内也达到 90%以上的脱硝效率，并通过掺杂少量的贵金属使活性温度窗口向低温移动，还研究了制备方法的影响，利用普通浸渍与固态离子交换结合的方法制备了 Fe/ZSM-5，发现 FeO 的分散性比水离子交换法制备的 Fe/ZSM-5 催化剂更高，由于具有高分散性的 FeO，普通浸渍与固态离子交换结合的方法制备的催化剂 NO 转化率更高。

Long 等人发现 Fe/ZSM-5 催化剂的高活性区间在 400～600℃温度范围内，400～550℃范围内脱硝效率可达 100%。Delahay 等人以癸烷为还原剂在 400℃时达到了 80%的 NO 转化率。此外加入 Pt、Rh、Ce 和 Pd 会提升 Fe/ZSM-5 催化剂的脱硝性能。

CHA 型分子筛是一种具有菱沸石型微孔的分子筛，相比于 ZSM-5 与 Beta。分子筛在较高的温度窗口内具有优异的催化活性与选择性，并且具有良好的抗积炭能力和抗水热老化能力，在柴油车尾气脱硝方面得到了广泛的关注与研究。

Tome 等人将 NSR 技术与 Cu/CHA 结合在 250℃取得了 100%的脱硝效率，而且没有氨逃逸。CHA 型分子筛不仅在机动车尾气处理方面有优良的性能，而且在固定源脱硝方面也能取得较高的脱硝效率。

传统的分子筛催化剂虽然在中高温温度范围内皆表现出较好的活性，但是依然面临着抗水耐硫性差，容易受到烟气中污染物的毒害而活性下降等缺陷，特别是其低温活性仍有待于进一步研究。具有菱沸石型微孔的 CHA 型分子筛相比于 ZSM-5 与 Beta 分子筛在较宽的温度窗口内具有优异的催化活性与选择性，良好的抗积炭能力和抗水热老化能力，并且某些

CHA 型分子筛在低温段也取得了不错的催化效果。因此，CHA 分子筛催化剂在脱硝领域展现了巨大的应用潜力，有望在低温脱硝催化方面率先获得应用。

4.1.4 活性炭催化剂

以活性炭（AC）为代表的碳基材料具有丰富的孔结构，较大的比表面积，优良的热导性，较强的吸附性以及化学稳定性，以活性炭为载体负载金属氧化物的催化剂表现出良好的脱硝活性。

Lcxzar 等人利用活性炭负载了钒的化合物，TPD 表征发现随着钒负载量的增加催化剂表面的酸性位点增加，在 200℃时 NO 转化率超过 80%，远高于活性炭单独作为催化剂的活性。

Boyano 等人将活性炭用硝酸溶液活化后制备了 V_2O_5/AC 催化剂，硝酸具有强氧化性，能促进 AC 表面上形成羧基活性基团，使钒物种分散性更好，并且硝酸处理过后的活性炭所制备的催化剂活性明显较未处理的高。

Pei 等人用活性炭纤维负载 CeO_2 制备的催化剂在温度为 150℃时脱硝效率达到 70%。Tang 等人考察了制备方法和助剂活性炭负载锰的整体催化剂活性的影响，用超声辅助制备的催化剂具有良好的低温脱硝性能，但是助剂 Fe 和 V 的加入反而会降低催化剂的脱硝活性。

Fan 等人将碳纳米管（CNTS）作为载体引入到催化剂 Mn-Ce-O$_x$/TiO$_2$ 中，明显提升了催化剂的低温脱硝性能，Mn-Ce-O$_x$/TiO$_2$-CNTS 催化剂在 75～175℃范围内脱硝效率均在 90%以上，而在此温度范围内未引入 CNTS 前的催化剂脱硝效率均低于 65%，其主要原因是 CNTS 的加入增大了催化剂的表面积并提高了活性组分的分散度。此外，催化剂中加入 CNTS 还能改善催化剂的孔体积、表面酸度及催化剂的还原性能，还原性能的改善能够提升催化剂吸附 NH_3、NO、NO_2 以及氧化 NO 能力，从而提高催化剂的脱硝性能，与此同时，CNTS 还能够提升催化剂的抗水耐硫性能。

4.2 催化剂的反应机理

4.2.1 催化还原的主要反应式

在氮氧化物（NO_x）选择还原过程中，通过加氨（NH_3）可以把 NO_x 转化为氮气（N_2）和水（H_2O）。主要的化学反应方程式为

$$4NO+4NH_3+O_2 \longrightarrow 4N_2+6H_2O \tag{4-1}$$

$$6NO+4NH_3 \longrightarrow 5N_2+6H_2O \tag{4-2}$$

$$6NO_2+8NH_3 \longrightarrow 7N_2+12H_2O \tag{4-3}$$

$$2NO_2+4NH_3+O_2 \longrightarrow 3N_2+6H_2O \tag{4-4}$$

由于烟气中的氮氧化物中 95% 为 NO，因此，式（4-1）是主要的反应形式。SCR 系统中的副反应主要包括：

NH_3 的分解和 SO_2 的氧化

$$4NH_3+3O_2 \longrightarrow 2N_2+6H_2O \tag{4-5}$$

$$2NH_3 \longrightarrow N_2+3H_2 \tag{4-6}$$

$$4NH_3+5O_2 \longrightarrow 4NO+6H_2O \tag{4-7}$$

其中，当反应温度高于 350℃ 以上，式（4-6）和式（4-7）才能进行，一般少量 NH_3 按照式（4-5）进行氧化。

$$2SO_2+O_2 \longrightarrow 3SO_3 \tag{4-8}$$

$$SO_3+H_2O+NH_3 \longrightarrow NH_4HSO_4 \tag{4-9}$$

烟气中含有的 SO_2 在 V_2O_5 的催化下与烟气中的 O_2 反应生成 SO_3，如式（4-8），SO_3 与未反应的 NH_3 及烟气中的水按式（4-9）反应，产生堵塞催化剂、腐蚀下游设备的 NH_4HSO_4。通常在 V_2O_5-TiO_2 的催化剂中加入约 10%WO_3 或 MoO_3 来抑制式（4-8）和式（4-9）的反应，实际生产中，SO_2 氧化成 SO_3 的转化率小于 1%。

在不添加催化剂的条件下，上述 NO_x 还原反应较理想的温度为
800~900℃，温度范围相对较窄。当温度在 1050~1200℃时，NH_3 氧化
成 NO，NO_x 还原速度迅速下降。当温度低于 800℃时，反应速度很慢，
此时需要添加催化剂，因此有 SCR 和 SNCR（选择性非催化还原）工艺
之分。

4.2.2　选择性催化还原的机理

自从 20 世纪 70 年代以来，对于在钒基催化剂上进行的 SCR 反应机理
和潜在活性，已经进行了大量的研究。研究发现，任何一种金属氧化物，
如果在氧化催化中有活性，对 SCR 反应也同样具有活性。催化剂组分中，
如果以 TiO_2 为载体，对于部分氧化具有高选择性，那么同样对 SCR 反应
也具有高选择性。过渡金属氧化物对于氧化催化有低的活性，在 SCR 中的
活性较低。

对于以 NH_3 为还原剂的 SCR 脱硝催化剂的作用原理，目前主要分为
两种观点，一种观点认为 SCR 催化反应遵循 Langmuir-Hinshelwood 原理，
即反应物在催化剂表面相邻的活性中心上吸附结合；另一种观点认为 SCR
催化遵从 Eley-Ridal 机理，即多相反应中吸附在活性中心上的一种反应物
与气相中的另一种反应物结合，该观点是目前比较公认的 SCR 催化剂作用
原理。图 4-2 是比较公认的 SCR 催化剂作用原理示意图。

还原剂 NH_3 吸附在催化剂表面的 B 酸中心：V=O 和 V^{5+}–OH 形成活
化 NH_4^+，NH_4^+ 物种与烟气中的 NO 结合生成活性复合物，活性复合物分解
后产生 N_2 和 H_2O，在 O_2 的存在下，催化剂表面的饱和酸中心转化为 B 酸
性中心，实现了催化剂的循环再生。

一些学者利用同位素标记法研究发现在所考察的温度范围内 SCR 反
应遵循 E-R 反应机理，NH_3 吸附到催化剂表面的 Brtinsted 酸位点，与 NO
反应主要生成 N_2，而吸附在催化剂表面的 Lewis 酸位点上的 NH_3 与 NO 反

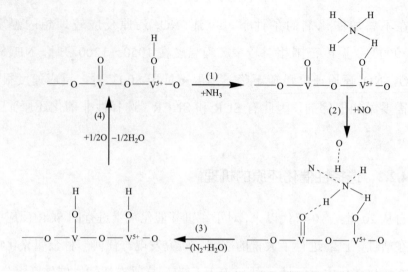

图 4-2　SCR 催化剂作用机理示意图

应主要生成 N_2O。Inomata 等人认为在 V_2O_5 催化剂上的 SCR 反应遵循 E-R 机理，该反应过程中需要两个临近的 V=O 位点共同发挥催化作用，NH_3 吸附在两个临近的 V=O 位点形成 NH_4^+，然后 NO 与吸附的 NH_4^+ 反应，之后分解为 N_2 和 H_2O，并得到了 DFT 理论计算验证。

Kapteijn 等人基于纯 MnO_x 和 MnO_x/Al_2O_3 提出 NH_3 活化模型，该反应遵循 E-R 机理，NH_3 吸附在催化剂表面的 Lewis 酸位点上，脱氢活化形成 –NH_2 中间物种，–NH_2 可以与反应气中的 NO 反应生成 N_2 和 H_2O，也可以逐步氧化生成 N_2O。Kijlstra 等人发现在大多数锰基催化剂上 E-R 机理与 L-H 机理是同时进行的。

Liu 等人通过表征手段发现低温时 Fe_2O_3-TiO_2 催化剂上的 SCR 反应遵循 L-H 机理，温度高的时候反应遵循 E-R 机理。在 Fe/zeolite 催化剂上根据反应气组成以及温度的不同存在三种反应机理：Fast-SCR（NO_2/NO_x= 50%），NO_2-SCR（NO_2/NO_x＞50%）和 Standard-SCR（NO_2/NO_x＜50%）。当温度低于 200℃时，仅存在 Fast-SCR 和 NO_2-SCR，而且随着反应温度的升高由于氨基硝酸盐的形成抑制了 NO_2-SCR 反应的速控步骤导致 NO_2 转化率下降；当温度高于 200℃时，Fast-SCR 反应 NO₂ 转化率明显高于其他两种反应。此外，不同的反应机理活性组分的最佳负载量也不同，但是活性负载量与 Fast-SCR 反应之间的关系还待进一步研究。

虽然 NH₃-SCR 反应的公认机理为 E-R 机理和 L-H 机理，但是对反应的具体路径还没有统一的认识，且催化剂的活性组分不同，反应的路径也不同，加入的助剂以及反应温度等都会使得反应机理更加复杂，因此，对于 NH₃-SCR 反应的机理还需要进一步研究。

4.3 催化剂的发展前景

大气主要污染源 NO₂ 已经成为治理环境污染迫在眉睫的问题。目前，钒基催化剂（例如 V₂O₅/TiO₂，V₂O₅-MoO₃/TiO₂，V₂O₅-WO₃/TiO₂ 等）作为一种高温 SCR 脱硝催化剂，已经广泛应用于烟气脱硝领域，但是钒基催化剂依然面临着生物毒性强、易于造成二次污染等缺陷。铁基催化剂具有很好的 Lewis 酸位点，表现出了良好的高温脱硝性能，其中低温脱硝性能仍有待于进一步研究，特别是铁的存在形式和氧化态等。当以分子筛作为催化剂载体时，可以较大地提高催化剂的活性，特别是 CHA 型分子筛催化剂在抗积碳能力、抗水热老化能力展现了优异的性能，但其催化机理仍有待于进一步完善。在低温 SCR 脱硝催化剂方面，贵金属催化剂（例如 Pt/TiO₂、Ag/Al₂O₃ 等）虽然具有较高的催化活性，但是依然面临着 N₂ 选择性低、价格昂贵等不足，值得关注的是以贵金属为活性组分的单原子催化剂以其极低的负载量达到优异的催化效果，大大地降低了成本，展现了广阔的应用前景，有望成为低温脱硝催化剂的主要方向之一。锰基催化剂因具有优异的低温性能备受研究人员的青睐，但是锰基催化剂的抗 H₂O 和 SO₂ 差，催化剂易中毒导致催化活性降低甚至失活，如何提高锰基催化剂的抗水耐硫性仍需要进一步的研究。

4.4 商 用 催 化 剂

在 SCR 脱硝系统实际运行中主要采用的催化剂是 V_2O_5-TiO_2、V_2O_5-WO_3-TiO_2、V_2O_5-MoO_3-TiO_2，目前商用应用最为广泛的催化剂，主要有蜂窝型、板式和波纹板型结构，如图 4-3 所示。

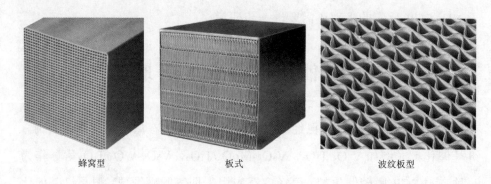

蜂窝型　　　　　　　　　板式　　　　　　　　　波纹板型

图 4-3　商用催化剂种类

V_2O_5-TiO_2 类商业化催化剂。该类催化剂大体由基材、载体及活性成分构成，表 4-2 列出了催化剂的结构与功能。

表 4-2　　　　　　　　　　　催化剂的结构与功能

名称	功能	成分
基材	催化剂骨架	陶瓷、不锈钢网
载体	活性成分的分散与负载	锐钛矿晶型 TiO_2
活性成分	提供催化活性	V_2O_5、WO_3、MoO_3

4.4.1　催化剂的特点

蜂窝式催化剂断面为蜂窝状，单体为截面积边长 150mm×150mm，长度 300～1350mm 的均质长方体。催化剂模块通过标准化设计，每个模块

72（6×12）个单体排列组成。

蜂窝式催化剂元件是通过挤压整体成型的。材料经过干燥、烧结、切割等工序，被装配进入钢框架内，从而组装成易操作使用的催化剂模块。

目前蜂窝式催化剂在全球 SCR 催化剂市场占额 60%以上，具有质量相对较轻、压降较低、长度易控制、回收率高等优点。蜂窝式催化剂单位比表面积大，同等的催化效果，所需的催化剂量较板式少。

板式催化剂单元由数十片原件组成，单元截面积为 464mm×464mm，高度一般为 500～850mm，再由催化剂单元组成催化剂模块。催化剂模块由 16（4×2×2）个单元构成。

板式催化剂用金属板作基材浸渍烧结成型。在全球 SCR 催化剂市场占额 30%左右。由于板式催化剂是将活性材料附着在金属骨架上，板与板之前的空隙较大，阻力小，但是比表面积小，需要的量相对较大。

波纹催化剂是直板和波纹板交替叠加组成，截面为 466mm×466mm，高度一般为 300～600mm。催化剂由 16（4×4×2）个单元组成。

波纹催化剂一般采用陶瓷板或者玻璃纤维浸渍烧结成型。波纹催化剂的具有压力降低、流体分布均匀、传质效率高等优点。

4.4.2　催化剂优缺点比较分析

蜂窝式和板式催化剂的优缺点比较如下：

（1）体积。蜂窝式催化剂单位体积内接触面积大，同等设计条件下所需总体积要比板式催化剂小。

（2）催化剂。蜂窝式催化剂的整体均匀的物理、化学结构具备更强的抵抗各种中毒的能力，也具备更好的耐磨性，因而使用寿命更长。板式催化剂在表面涂上一定厚度的活性物质，其金属支撑件没有催化活性。

（3）生产工艺。蜂窝式催化剂的工艺使其具备体积与性能相匹配的能力。而板式催化剂由于受限于层高的规格限制，灵活性不足，为更换带来一定不便。

（4）安全性。催化剂的主要事故一般由积灰的燃烧引起，蜂窝式催化剂由于全部由陶瓷性的活性材料制成，不会助燃；板式催化剂带有金属架构，发生火灾会导致整个催化剂的破坏。另外，板式催化剂两层之间容易积灰，增大了堵塞和燃烧的风险。

（5）经济性。蜂窝式催化剂由于使用了更多的催化剂活性物质和更为复杂的工艺，单价要比板式高，但由于总体积要比板式小，因此总造价二者相差不大。

波纹板式催化剂的性能特点介于蜂窝式和板式之间，具有二者的一些优点和缺点。例如具有和蜂窝式催化剂相近的比表面积，因此同等设计条件下需要的体积较小，但波纹板式催化剂也存在上下两层之间的间隙容易积灰，这点又与板式催化剂类似。由于波纹板式催化剂的骨架材料是陶瓷纤维板，因此重量轻是其一个特点。

三种形式的催化剂比较情况见表 4-3。

表 4-3　　　　　　　　三 种 催 化 剂 的 对 比

序号	类型	蜂窝式催化剂	板式催化剂	波纹式催化剂
1	基材	TiO_2、整体挤压	金属板	玻璃纤维板、陶瓷板
2	活性	良	良	一般
3	抗阻塞性	一般	优	一般
4	抗飞灰磨耗性	一般	优	一般
5	压差	良	良	良
6	体积	良	一般	优
7	使用寿命	良	良	良
8	适用范围	主要用于低尘，可用于高尘	主要用于高尘，可用于低尘	主要用于低尘，可用于高尘

三种类型的催化剂在燃煤电厂都有应用，但以蜂窝式和板式催化剂为主（见图4-4），波纹式催化剂只在个别燃煤电厂得到了应用，波纹式催化剂从 20 世纪 80 年代开始开发，90 年代后才开始应用，应用时间不长，业绩不多特别是燃煤电厂业绩不多。

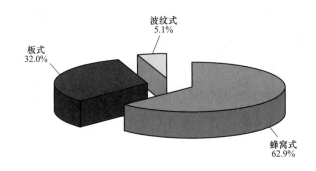

图 4-4　中国燃煤电厂不同类型脱硝催化剂业绩统计（按 SCR 机组数量）

中国火力发电以燃煤为主，三种型式的脱硝催化剂中，由于波纹式催化剂的抗飞灰磨损和堵塞的性能相对较差，在燃煤电厂中应用较少，仅占 5%左右。

在燃煤电厂中，蜂窝式和板式催化剂均有较好的适应性，技术成熟可靠，应用业绩丰富，是主流的脱硝催化剂类型。

4.4.3　催化剂的基本参数

1. 活性温度

催化剂的活性温度范围是最重要的指标。反应温度不仅决定反应物的反应速度，而且决定催化剂的反应活性。如 V_2O_5-WO_3/TiO_2 催化剂，反应温度大多设在 280~420℃之间。如果温度过低，低于催化剂活性温度，则反应速度慢，甚至发生不利于 NO_x 降解的副反应；如温度过高，会出现催化剂活性微晶高温烧结的现象。

2. 化学成分

即指活性组分及载体，活性组是催化作用的关键量，助催化与载体的配比量也同样重要。催化剂的成分基本类似，由 TiO_2、V_2O_5、WO_3，或者 SiO_2、CaO、Na_2O、Al_2O_3、MgO、BaO、K_2O 等物质组成。根据不同用户的情况，含量会有所不同。一般情况下，V_2O_5 占 $1\% \sim 5\%$，WO_3 占 $5\% \sim 10\%$，TiO_2 占其余绝大部分比例。

3. 机械强度参数

主要是催化剂抵抗气流产生的冲击力、摩擦力、耐受上层催化剂的负荷、温度变化及耐受应力作用的能力。机械强度参数共有 3 个指标，即轴向机械强度、横向机械强度和磨耗率。

4. 催化剂的节距（间距）

节距（间距）这是催化剂的一个重要指标，通常以 p 表示。其大小直接影响到催化反应的压降和反应停留时间，还会影响催化剂孔道是否会发生堵塞。对蜂窝式催化剂，如蜂窝孔宽度为（孔径）为 d，催化剂内壁壁厚为 t，则

$$节距（p）=孔径（d）+内壁厚度（t） \tag{4-10}$$

蜂窝式催化剂如图 4-5 所示。

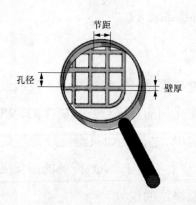

图 4-5 蜂窝式催化剂单元的几何参数

一般情况下，蜂窝式催化剂堵灰要比板式严重些，需要适当地加大孔径。燃煤电厂 SCR 脱硝工程中的蜂窝式催化剂节距一般在 6.3～9.2mm 之间，见表 4-4。

表 4-4   蜂 窝 式 催 化 剂 节 距

孔数	断面（mm）	节距（mm）	孔数	断面（mm）	节距（mm）
16×16	150×150	9.2	25×25	150×150	5.9
18×18	150×150	8.2	35×35	150×150	4.2
20×20	150×150	7.4	40×40	150×150	3.7
21×21	150×150	7.1	45×45	150×150	3.3
23×23	150×150	6.4	55×55	150×150	2.7

同等条件下，板式催化剂间距可以比蜂窝式稍小些。板式及其他催化剂也有类似的关系，如图 4-6 所示。

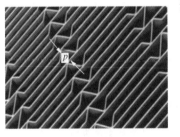

图 4-6 板式催化剂间距

4.4.4 催化剂设计参数

1. 催化剂体积

催化剂体积用 V_{cat} 表示，单位为 m^3，是指催化剂所占空间的体积。在选择性脱硝体系中，氮氧化物的浓度、氨逃逸率、催化剂活性以及几个特性等参数决定了催化剂体积的大小。

2. 催化剂的面积

催化剂面积用 A_{cat} 表示，单位为 m^2，是指催化剂的几何表面积，催化剂的空隙越多，其表面积越大，性能越好。

3. 催化剂比表面积

催化剂的比表面积用 F_a 表示，单位为 m^2/m^3，是指单位体积的催化剂的几何表面积。蜂窝式催化剂比表面一般在 427～860m^2/m^3 之间，板式催化剂一般在 250～500m^2/m^3 之间。

4. 催化剂壁厚

催化剂的壁厚是指孔与空之间的厚度（蜂窝式），或者是波纹板或平板的厚度（波纹板、平板）。蜂窝式催化剂壁厚在 1.0～2.4mm 之间，板式催化剂壁厚在 1.5～2.0mm 之间。

5. 空间速度

空间速度是烟气在催化剂容器内滞留时间的尺度，用 SV 表示

$$SV = \frac{V_{fg}}{V_{cat}}$$ （4-11）

式中：SV 为空间速度，1/h；V_{fg} 为烟气流量，m³/h；V_{cat} 为催化剂体积，m³。

空间速度是 SCR 的关键设计参数，它是烟气在催化剂容器内停留时间的尺度。在某种程度上决定了反应是否完全，同时也决定了反应器催化剂骨架的冲刷和烟气的沿程阻力。

通过对氮氧化合物排放控制的经验中，发现根据燃煤锅炉和 SCR 布置位置这两个因素来选择空间速度的经验值，见表 4-5。

表 4-5　　　　　　　　燃煤装置 SCR 反应器的典型空间速度

炉形	固态排渣炉子		液态排渣炉	
	高灰分烟气段	尾部烟气段	高灰分烟气段	尾部烟气段
SV（1/h）	2500～3500	5500～6500	1500～2500	4000～5500

一般，催化剂厂家会标出自己生产的催化剂空间速度推荐值，设计单位可以根据推荐值作为设计依据。

6. 面积速度

催化剂的面积速度等于烟气流量与催化剂几何表面积的商，用 AV 表示

$$AV = \frac{V_{fg}}{A_{cat}}$$ （4-12）

式中：AV 为面积速度，m/h；V_{fg} 为烟气流量，m³/h；A_{cat} 为催化剂表面

积，m^2。

面积速度也可以表示为烟气空间速度与催化剂几何比表面面积的商，即

$$AV = \frac{SV}{A_{cat}} \tag{4-13}$$

同样根据经验总结，发现根据燃煤锅炉和 SCR 布置位置这两个因素来选择面积速度的经验值，见表 4-6。

表 4-6　　　　　　　　燃煤装置 SCR 反应器的典型面积速度

炉形	固态排渣炉子		液态排渣炉	
	高灰分烟气段	尾部烟气段	高灰分烟气段	尾部烟气段
AV（m/h）	6.1～7.4	7.2～8.6	3.7～5.4	5.3～7.2

7. 催化活性

催化活性用 K 表示，用 AV 的函数来描述

$$K = -AV \ln(1-\eta) \tag{4-14}$$

式中：K 为催化剂活性，是多层催化剂活性之和，m/h；AV 为面积速度，m/h；η 为氮氧化合物的脱除率，%。

催化剂的活性是催化剂加速 NO_x 还原反应速率的度量。活性高，反应速率越快，NO_x 的脱除率就越高。催化剂活性是许多变量的函数，包括温度、压力、烟气流量、催化剂配方和结构等。随着使用时间的增加，催化剂的活性会不断降低。催化剂的活性降低会导致脱硝效率的降低，同时会导致氨逃逸水平升高。

8. 催化剂孔距

孔距的大小主要取决于烟气中的粉尘含量。当粉尘含量较高时应选择大节距的结构，以减少催化剂被粉尘堵塞现象的发生。

9. SO_2/SO_3 转化率

SO_2/SO_3 转化率是指烟气中的 SO_2 转化为 SO_3 的比例。SO_2/SO_3 转化率

高，对催化剂本身以及下游设备都是有害的，所以大多要求催化剂的 SO_2/SO_3 转化率不能超过 1%。影响 SO_2/SO_3 转化率的因素主要有反应温度和催化剂成分，还有氨的喷入量。反应温度越高转化率越高。改变催化剂的成分可以调节 SO_2/SO_3 转化率，实验已证明催化剂中加入 WO_3 可以降低 SO_2/SO_3 的转化率。

10. 催化剂的设计流程

对于燃煤电厂来说，SCR 催化剂的设计是至关重要的。根据经验，只有充分了解这些因素对系统及催化剂的影响，同时考虑锅炉类型、SCR 布置方式、燃料灰渣的成分、SCR 类型、工况等因素后，才能更好地进行催化剂设计。设计流程如图 4-7 所示。

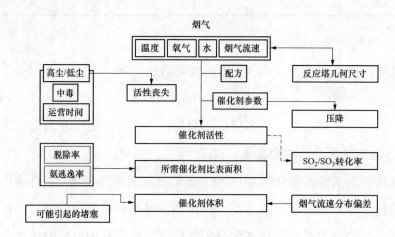

图 4-7　SCR 催化剂设计流程图

在这个设计过程中，衡量催化剂用量的最主要两个参数是催化剂的总反应面积和单位面积的活性。

4.4.5　催化剂中毒及应对措施

针对 SCR 系统设计时，必须熟练掌握燃料和灰渣的组成及机组运行特征，典型的燃料和灰分组成见表 4-7。SCR 催化剂在运行工程中，受烟气中碱金属、砷、催化剂烧结、堵塞、腐蚀等原因使其活性逐步降低。

表 4-7   典型的燃料和灰分组成

项目	数值	项目	数值
灰湿度（%）	6～33	灰分（%）	
硫质分数/吨煤（%）	0.6～1.6	MgO	0.7～49.0
Ni（×10^{-6}）	3～40	TiO	0.1～1.8
Cr（×10^{-6}）	7～46	MO	0.02～0.2
As（×10^{-6}）	1～25	V$_2$O$_5$	0.01～0.10
Cl（×10^{-6}）	41～1900	Na$_2$O	0.05～1.60
灰分（%）		K$_2$O	0.1～4.0
SiO$_2$	41～71	P$_2$O$_6$	0.06～1.30
As$_2$O$_3$	2～33	SO$_3$	1.6～16.5
Fe$_2$O$_3$	2.5～10.0	CaO	245～26.0

1. 催化剂烧结

催化剂长期处于 450℃以上的高温环境下会引起催化剂活性点位的烧结，导致催化剂颗粒增大，比表面积减少，活性降低，如图 4-8 所示。因此 SCR 催化剂的运行温度需严格按照要求的范围控制。

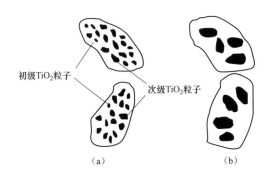

图 4-8　催化剂热烧结失活

（a）新鲜催化剂；（b）烧结以后的催化剂

2. 催化剂碱金属中毒

烟气中含有 Na、K 等腐蚀性混合物，能够与催化剂的活性成分反应吸附在催化剂的表面引起堵塞，导致催化剂的活性降低，如图 4-9 所示。因此，催化剂表面的碱金属浓度可以决定催化剂失活的程度。

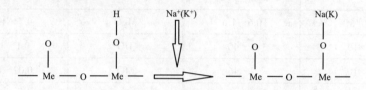

图 4-9　催化剂碱金属中毒

对于大多数 SCR 应用，避免水蒸气凝结，可以避免这类危险发生。但是对于燃煤锅炉，这种危险也相对较少，是由于煤灰中多数碱金属不溶；对于燃油锅炉，中毒的危险性大幅增加，是因为水溶性碱金属含量高；对于生物质燃料锅炉，中毒的危险性非常严重，由于燃料中水溶性 K 含量较高。

3. 碱土金属影响

飞灰中游离的 CaO 和 SO_3 反应，会吸附在催化剂表面，生成 $CaSO_4$。该中毒机理分 4 步进行：第一步，CaO 颗粒附在催化剂的微孔上；第二步，SO_3 从烟气流中扩散到 CaO 颗粒并且将其包裹；第三步，SO_3 渗透到 CaO 颗粒内部；第四步，SO_3 扩散到 CaO 颗粒内部后，与 CaO 反应生成 $CaSO_4$，使颗粒体积增大 14%，从而把催化剂微孔堵死，使 NH_3 和 NO 无法扩散到微孔内部，导致催化剂失活。

$$CaO + SO_3 \longrightarrow CaSO_4 \tag{4-15}$$

防止碱土金属对催化剂的影响，一般采用选择多喷嘴耙式吹灰器对催化剂进行吹扫，且蒸汽的过热温度达到 50℃ 以上，使灰分难以黏附在催化剂表面。

4. 催化剂砷中毒

砷中毒是引起催化剂钝化的常见原因之一。典型的砷中毒是由于烟气

中含有 As_2O_3 引起的，As_2O_3 分散到催化剂中并固化在活性、非活性区域，使反应气体在催化剂内的扩散受到限制，且毛细管遭到破坏，如图4-10所示。这种由相变引起的催化剂中毒是不可逆的，对 SCR 的运行效能影响巨大。

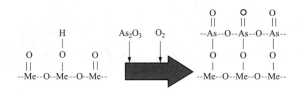

图4-10　催化剂砷中毒

对催化剂本身而言，可以通过改善催化剂的化学特性和物理特性两方面来避免催化剂砷中毒。改善催化剂的化学特性，一种方法是改变催化剂的表面酸位点，使催化剂对砷不具有活性，从而不吸附氧化砷；另一种方法是通过采用钒和钼的混合氧化物，经高温煅烧获得稳定的催化剂，使砷吸附的位置不影响 SCR 的活性点位。改善催化剂的物理特性，一方面可使用蜂窝式催化剂有效地降低表面砷的浓度；另一方面通过优化孔结构来防止催化剂砷中毒。

5. 催化剂阻塞

煤燃烧后所产生的飞灰绝大部分为细小灰粒，由于烟气流经催化反应器的流速较小，一般为 6m/s 左右，气流呈层流状态，细小灰粒聚集于 SCR 反应器上游，到一定程度后掉落到催化剂表面，引起催化剂钝化。烟气中除了细小灰粒，也可能存在部分粒径较大的爆米花状飞灰，颗粒一般大于催化剂孔道的尺寸，会直接造成催化剂孔道的堵塞，如图4-11所示。

为了防止飞灰搭桥堵塞催化剂孔道，可在每层催化剂上方安装吹灰器，还可在第一层催化剂上方安装格栅网，用于拦阻、破碎大尺寸的爆米花状飞灰。

6. 催化剂腐蚀

催化剂腐蚀是由于飞灰冲刷催化剂表面造成的，如图4-12所示。催化剂磨损程度的影响因素有烟气流速、飞灰特性、冲击角度和催化剂本身特性等。一般来说烟气流速越大，磨损越严重；冲击角度越大，磨损越严重。

（a）　　　　　　　　　　　　　　　　（b）

图 4-11　催化剂的阻塞前后比较

（a）新鲜催化剂；（b）受堵的催化剂

图 4-12　催化剂的腐蚀

通过合理设计脱硝反应器流场，避免在反应器局部出现高流速区，可以避免催化剂出现较严重的磨损。此外带硬边的催化剂也可以有效减少飞灰对催化剂的磨损。

第5章

脱硝系统还原剂

SCR 工艺中脱硝还原剂的选择非常重要，直接影响到整个脱硝工程的经济指标和安全性。SCR 最常用的脱硝还原剂主要有液氨、尿素和氨水等三种。三种还原剂各有特点，液氨一般采用纯度为 99.8%的氨，无杂质，沸点为−33.3℃，储存在压力容器中，并保证严格的安全与防火措施；氨水因其采购浓度仅为 25%～28%，属于危险药品且运行费用最高，国内 SCR 烟气脱硝系统中很少应用；尿素呈颗粒状，储罐需要加热，尿素需要被溶解在水中，蒸汽需要被分级和蒸发，是一种安全的选择。三种还原剂的使用需要配备不同的处理系统。目前，火电厂 SCR 系统中的还原剂一般采用液氨和尿素。

5.1 脱硝还原剂的种类

5.1.1 液氨

5.1.1.1 理化性质

一般性质：分子量为 17.032，无色、强烈刺激性和腐蚀性体，比空气轻，极易溶于水。常温下，1 体积水大约溶解 700 体积的氨。在 10^5Pa 气压下，沸点为−33.3℃，熔点为−77.7℃。

毒性：氨属于中毒类物质。浓度为 5μL/L 时，有强烈的刺激气味；浓度为 20～25μL/L 时，眼睛和喉部有刺激感。若与氨直接接触，会刺激皮肤，灼伤眼睛，使眼睛暂时或永久失明，并导致头痛、恶心、呕吐等。严重时，会导致系统积水，甚至导致死亡。长期暴露在氨气中，会伤肺，导致产生咳嗽或呼吸急促的支气管炎。

爆炸性：在空气中的爆炸极限为，室温下 16%～25%。在《石油化工企业设计防火规范》（GB 50160—2008）中，可燃气体的火灾危险分类中氨属于乙类；根据《危险化学品重大危险源辨识》（GB 18218—2009）的规定氨的存贮量若超过 10t，则为重大危险源。

饱和蒸汽压特性：液氨的饱和蒸汽压随温度升高而升高，液氨也随温度升高而膨胀，虽然液体膨胀系数小，但液体具有不可压缩性、气隙太小，温度略有升高会使压力急剧增高，从而可能导致容器发生爆炸。

贮存：液氨贮存方式由于温度、压力的条件不同，应按照国家的规定选用贮存容器，如贮罐、槽车或钢瓶，贮存形式有加压常温、加压低温、常压低温等。

5.1.1.2　液氨 SCR 系统的应用

液氨 SCR 系统由氨区和催化反应区两大部分组成。其中氨区部分包括卸氨压缩机、液氨储罐、液氨供应泵、液氨稀释槽、氨汽化槽、氨缓冲罐、稀释风机、氨气泄漏检测器及排放系统。该工艺流程如图 5-1 所示。

根据国家对于重大危险源辨识的定义，氨作为有毒物质储存超过 10t 的液氨储罐属重大危险源，将会有非常严格的安全立法规定限制对于 600MW 的液氨 SCR 装置，其所需液氨储罐的容积就达 200t 左右。其存放装置区域为爆炸危险区二区，毒性和爆炸危险性属于中度危害。因此，采用液氨作为脱硝还原剂的 SCR 系统。从液氨的输送、存储、制备、供应到日常的维护管理，都要制定严格的安全管理制度。

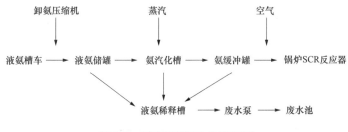

图 5-1 液氨系统工艺流程图

以液氨作为脱硝还原剂，具有技术成熟、系统简单、能耗与投资相对低等特点。目前在国内外得以广泛应用。

5.1.2 尿素

5.1.2.1 理化性质

理化特性：尿素分子式是 NH_2CONIH_2，分子量 60.06，含氮（N）通常大于 46%，白色或浅黄色的结晶体。它易溶于水，水溶液呈中性，吸湿性较强，易潮解，熔点 132.7℃。在高温高压（160～240℃，2.0MPa）或者高温常压（350～650℃，0.1MPa）条件下，C-N 键断裂分解成 NH_3 和 CO_2。

危险性：无毒、无害的化学品，无爆炸可能性，没有危险性。尿素在运输、储存中无须安全及危险性的考虑，更不须任何的紧急程序来确保安全使用尿素，做还原剂可获得较佳的安全环境，特别适用于人口密集区的电厂。

5.1.2.2 尿素 SCR 系统的应用

尿素作为脱硝还原剂吸收 NO，其脱硝效率主要取决于 NO 的氧化度，从理论上讲，氧化度为 50%时，可脱除全部 NO。另外，在应用过程中，需相应的热解制氨系统。尿素转化为氨的方法有两种：热解法和水解法。两种方法的比较见表 5-1。

表 5-1　　　　　　　　　　　热解法和水解法工艺比较

项目	热解法	水解法
操作条件	高温	高温高压
动态反应	快（5～30s）	慢
尿素溶液浓度	高（40%～50%）	低
操作成本	低	高
加热方式	气体燃料或柴油，电加热，热空气	蒸汽
优缺点	（1）易于控制； （2）操作简单直接	（1）用水量大，易造成能量的消耗； （2）易生成残留尿素聚合物； （3）使用高压装置，易产生安全问题

5.1.3　氨水

理化特性：无色透明液体。有强烈的刺激性气味，分子式为 $NH_3 \cdot H_2O$，分子量 35。为《危险货物品名表》（GB 12268—2012）规定为危险品，用于脱硝的还原剂通常采用 20%～30%浓度的氨水。

燃烧爆炸性及腐蚀性：其水溶液呈强碱性，强腐蚀性，当空气中氨气在 15%～28%爆炸界限范围内，会有爆炸的危险性。所以氨水具有燃烧、爆炸及腐蚀的危害性。

对人体的危害性：氨水对生理组织具有强烈腐蚀作用，其暴露途径与液氨非常相似，而对人体的危害可能造成严重刺激或灼伤、角膜伤害、反胃、呕吐、腹泻等现象，也可能造成皮肤病、呼吸系统疾病加剧等。

与液氨相比，安全性有很大改善，氨水储罐可设计成非耐压型的锥形罐。与液氨的耐压储罐相比，可节约投资。另外，氨水上方的氨蒸汽压力远比液氨低，运输氨水的槽车不会像液氨那样危险，使用氨水做还原剂的问题，如供应商提供的氨水是用含盐的自来水稀释的，不能直接用在脱硝系统上，需要使用一套氨气分离装置，将氨蒸汽和水分离出来。因此，单位体积氨气所需原料最大，储存和运输成本最高。

5.1.4　液氨、尿素和氨水系统的比较

液氨、尿素和氨水系统的主要差别在于安全方面的因素，根据《建筑设计防火规范》（GB 50016—2014），液氨属于乙类液体。氨气与空气混合物的爆炸极限为 16%～25%（最易引燃浓度为 17%），氨和空气混合物达到上述浓度范围遇明火会燃烧和爆炸。液氨的管理规定很严格，根据有关规定，液氨构成危险货物，液氨在生产场所超过 40t、储存场所超过 100t 时构成重大危险源。纯氨的运输须由专业危险品运输单位负责；存储纯氨时，因需要较高的压力，可能会产生泄漏，必须满足 GB 50016—2014 等相关规范的要求，并需要较严格的管理。尿素为一般的农业用肥料，十分安全，于就近购买，可以用火车或汽车运输，其运输和储存不需要特别的安全措施。

制氨系统的三种方法其物料消耗量的一般比例（质量比）为纯氨:氨水（25%）:尿素=1:4:1.9。

液氨法以及其简洁的工艺和投资运行费用优势获得普遍应用，但尿素水解或热解制氨工艺不存在化学风险，已在部分城市电厂中得到推广。四种方法的简单比较见表 5-2。

表 5-2　　　　　　　　制氨工艺的技术与安全性比较

项目	液氨法	氨水法	尿素水解法	尿素热解法
技术工艺	成熟	成熟	成熟	成熟
成熟系统复杂性	简单	复杂	复杂	复杂
系统响应性	快	快	慢（5～15min）	快（5～15s）
产物分解程度	安全	安全	产物	含约25%的 HNCO
潜在管道堵塞现象	无	无	有	无
脱硝副产物	无	无	CO_2	CO_2
安全性	很危险	安全	安全	安全

续表

项目	液氨法	氨水法	尿素水解法	尿素热解法
占用场地空间	约2500m²	约3000m²	小于400m²	小于400m²
固定投资	最低	低	最高	高
运行费用	最低	高	较高	较高

5.2 脱硝还原剂的储存和制备

三种还原剂的使用需要配备不同的储存和制备系统，现在分别从氨水制氨系统、液氨制氨系统、尿素制氨系统介绍以氨水作为还原剂、以液氨作为还原剂和以尿素作为还原剂时的储存和制备系统。

5.2.1 氨水制氨系统

氨水是约25%的氨水溶液，其储存和卸载系统与液氨系统类似。首先氨水溶液由罐车运载到现场并用卸载泵卸载到储存罐。系统卸载泵应能够卸空储存的氨返回罐车或到另一储存罐。罐车和系统通过软管连接。

在氨储存罐上设孔与氨稀释罐连接。可以在排放气体时降低氨气的浓度，减小氨气的气味。

无水氨的喷射有两种方式，一种是直接喷射系统采用双流体喷嘴，用压缩空气使其雾化形成粒径分布正确的液滴。需要备用空气压缩机用于雾化空气，通常安装一根导管输送空气吹扫喷嘴表面，防止喷嘴积灰，这根导管的功能就像一把喷枪；另一种是氨水喷射方式是使用蒸发器蒸发氨水中的水和氨。蒸发设备下游端的喷射方式与无水氨使用的方法相似。

氨水系统的主要设备有氨水储罐、卸载泵和管道、氨蒸发系统/空气稀释系统。

96

1. 氨水储罐

一般由厚度不小于 6mm，设计压力不小于 $1.2×10^5Pa$ 的不锈钢制成，根据工程设计要求配备一个或几个储存罐（见图5-2）。罐的底部一般不应低于地面上 150mm，从罐的顶部注入氨。

图5-2 氨水储罐

2. 卸载泵和管道

一般配备两个卸氨泵，应用于罐车卸载。通过软管连接卸载管和罐车，并在尾部设置关闭开关。卸载管道应设计带有所有必需的阀门和管道系统，以便有能力通过每个泵充满两个氨储存罐，或排空两个罐的氨返回灌车内。

3. 氨蒸发系统

氨水溶液通过位于氨储存区的计量给料泵输送到蒸发器（见图5-3）。给料泵最小流量的设计参照指定的运行条件达到脱硝系统最大期望容量。所有与氨水溶液接触的部件及与气态氨连接的部件，都可以使用奥氏体不锈钢 AISI 304L 来制作。设计的热交换器表面，在满载荷时应提供干性和过热的高温水蒸气来加热氨水。

图 5-3   氨水蒸发器

4. 氨/空气稀释系统

一般每个反应器配备有一个空气加热/稀释系统，用来加热空气并与气态氨混合输送到反应器。由于氨水中水分的存在，空气及混合空气温度必须高于水冷凝温度。

对氨水系统，由于其工艺需将大量水分蒸发掉，因此运行能耗高，同时由于其单位质量氨气所需原料量在三种还原剂中是最大的，所以储存和运输成本最高。其安全性介于液氨系统和尿素系统之间。目前国内仅在个别燃气机组烟气脱硝中采用氨水系统。

5.2.2   尿素制氨系统

出于安全性及实用性的考虑，尿素制氨系统得到了更为广泛的运用与关注。

尿素是氨的理想来源，是一种稳定、无毒的固体物料，对人体和环境均无害，可以被散装运输并长期储存。尿素不需要运输和储存方面的特殊程序，使用时不会对人员和周围环境产生不良影响。尿素制氨工艺的原理是尿素水溶液在一定温度下发生分解，生产的气体中包含 CO_2、水蒸气和氨气。

尿素制氨工艺包括尿素水解系统和尿素热解系统。尿素水解系统和尿素热解系统由于温度压力条件不同，有不同的化学反应过程。

水解法制氨化学过程为

$$CO（NH_2)_2+H_2O \longrightarrow NH_2COONH_4 \tag{5-1}$$

$$NH_2COONH_4 \longrightarrow 2NH_3+CO_2 \tag{5-2}$$

热解法制氨化学过程为

$$CO（NH_2)_2 \longrightarrow NH_3+HNCO \tag{5-3}$$

$$HNCO+H_2O \longrightarrow NH_3+CO_2 \tag{5-4}$$

尿素系统相对比较复杂，投资和运行成本高于液氨系统，但其最大的优势是安全性非常高。从目前国内情况来看，SCR 工艺中液氨系统占大多数。但若电厂处于人口密集区，或用地非常紧张难以满足危险品储存的安全距离要求，或者液氨的采购及运输路线有很大困难，应考虑采用尿素系统。

尿素制氨系统由尿素颗粒储存和溶解系统、尿素溶液储存和输送系统及尿素分解系统组成。根据尿素制氨工艺的不同，尿素分解系统分为尿素水解系统和尿素热解系统两类，如图 5-4 所示。

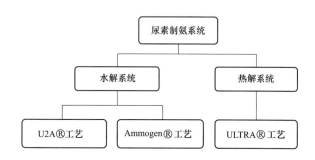

图 5-4 尿素制氨工艺

下面分别介绍尿素的水解法及热解法。

5.2.2.1 尿素水解法

水解系统有意大利 Siirtec Nigi 公司的 Ammogen® 工艺和美国 Wahlco

公司及 Hamon 公司的 U2A® 工艺，美国采用 U2A® 工艺比较多。目前国内水解系统的使用业绩为国电青山电厂 2×350MW 机组烟气脱硝工程，采用美国 Wahlco 公司的 U2A® 工艺，由北京国电龙源环保工程有限公司实施，已于 2011 年 8 月投产。此外，国内已有公司在进行尿素水解工艺国产化研究，以期能降低系统初投资。

1. Ammogen® 工艺

Ammogen® 工艺流程为质量分数 40%～50%的富尿素溶液被尿素溶液输送泵送到水解反应器，经过一个节能换热器吸收水解反应器出来的贫尿素液中的热量。在 180～250℃和（15～30）×10^5Pa 条件下，尿素的多级水解反应在水解反应器中进行。在反应器中，气体蒸汽在反应器的底部喷出，带走反应生成的二氧化碳和氨。反应所需的额外热量将由一个内置的加热器提供。

水解反应器中产生出来的含氨气流被空气稀释，此后进入氨气-烟气混合系统。在尿素分解后排出的贫尿素液（几乎是纯水）经过节能换热器放热后，送到水解反应器的富尿素溶液中回到尿素溶解系统。系统如图 5-5 所示。Ammogen® 工艺在我国的推广工作目前处于停滞状态，下面重点介绍 U2A® 工艺。

2. U2A® 工艺

U2A® 工艺流程为质量分数 40%～50%的尿素溶液被尿素溶液输送泵送到水解反应器，在 157℃和 5.5×10^5Pa 条件下发生水解反应。其水解反应器为"BKU"型管式换热器，反应所需热量由管内蒸汽提供，蒸汽不与尿素溶液混合，通过盘管回流，冷凝水由回收装置回收。水解反应器中产生的含氨气流被空气稀释，此后进入氨气-烟气混合系统。系统如图 5-6 所示。

该制氨工艺的主要优点是安全、可靠，避免了 SCR 系统直接使用液氨或氨水带来的运输、储存和运行中所面临的相关人身安全和环境污染问题；

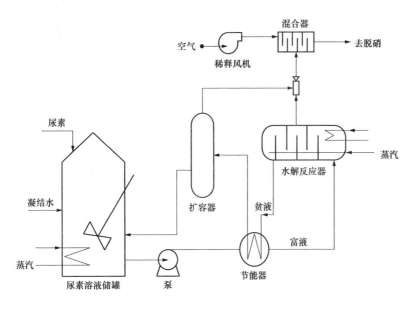

图 5-5　Ammogen Ⓡ 工艺系统图

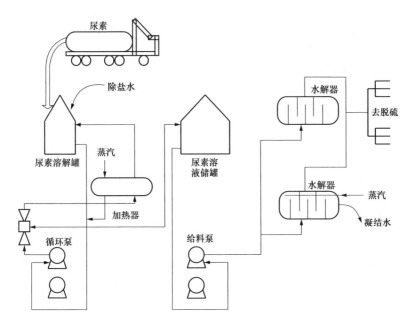

图 5-6　U2A Ⓡ 工艺系统图

另外该工艺使用的水解器为卧式结构，内部布置有一定数量的折流挡板，蒸汽穿过折流挡板分别进入每个小室，设备结构简单，操作容易。根据用户要求，系统出力可设计为几千克到几千千克，目前在烟气脱硝系统及其他工艺上已经得到了一定应用。

尿素水解对尿素原料质量的指标要求见表 5-3。

表 5-3　　　　　　　　尿素水解对尿素原料质量的指标要求

颜色	白色或浅色	颜色	白色或浅色
尿素纯度 CO（NH$_2$）$_2$	＞98%	硫代硫酸盐	＜0.1×10^{-6}W
水分（max，%）	0.4	二氧化硅杂质 SiO$_2$	＜20×10^{-6}W
缩二脲（max，%）	0.9	重金属（Fe，Ni，Cr）	＜2×10^{-6}W
氯化物	＜0.3×10^{-6}（质量分数）	粒径（0.85～2.8mm）	＞90%
溴化物	＜0.01×10^{-6}（质量分数）	实际密度（kg/m^3）	1335
磷酸盐	＜0.1×10^{-6}（质量分数）	堆积密度（kg/m^3）	700～750
硫酸盐	＜0.1×10^{-6}（质量分数）	状态要求	散装或 50kg 袋装

5.2.2.2　尿素热解法

尿素热解法以美国 Fuel Tech 公司的 NO$_x$ OUT UItra 尿素热解法最为典型。该工艺是一种燃烧后反应，首先用带泵的循环装置将 40%～50%的尿素溶液提供给每个单元的计量装置，计量后的反应剂被输送至一系列经过专门设计并安装在热解室入口处的喷嘴，计量装置可根据系统的需要自动控制喷入热解室的尿素量。系统将安装一套预封装的天然气燃烧器和燃烧管理系统，用于将进入热解室的空气温度提高到 300～650℃；并包括备用的稀释风机及挡板，以保证进入喷射装置的氨的流量和压力。由尿素溶液转换成氨和氨基产物，并将混合均匀的空气/氨混合气体以预定的流速、压力、温度输送到氨喷射装置。尿素经过专门设计的热解室，可使其充分混合、获得足够的停留时间并且温度保持在 300～650℃，通过控制尿素的喷射从而为 SCR 反应提供氨。这一过程中产生的氨及氨基产物将作为典型

SCR 工艺的反应剂，生成氮和水。

该工艺脱硝性能和液氨工艺相当，工艺原理如图 5-7 所示。

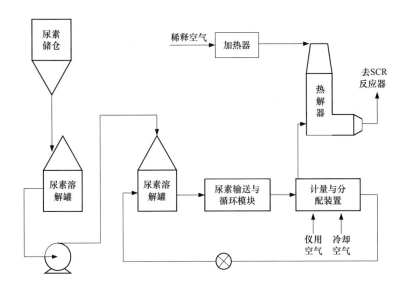

图 5-7 尿素热解工艺图

1. 工艺说明

尿素热解制氨系统把高质量的尿素射向经过专门设计并保持在 300～650℃温度的热解室，为 SCR 反应提供氨。

尿素计量装置供应和喷射装置系统测量热解室入口处气流中的尿素溶液量。反应剂由特有的喷射系统的多个喷嘴进行喷射。空气雾化喷射器易于调整反应剂的分布和雾滴的大小，反应剂在热解室内的喷射和汽化有冷却效果。

制氨系统将尿素热解后分解的产物送到热气流中。热解室在设定的 300～650℃温度窗内保持适当的停留时间，以确保尿素溶液完全转化为 SCR 反应所需要的氨，随后包含 SCR 反应剂的气流被导入 SCR 的喷氨装置。这个过程中需要对压力、流量及温度进行检测，使其与 SCR 系统的设计要求一致，确保系统的正常运行。

2. NO$_x$ OUT Ultra 尿素热解法特点

（1）NO$_x$ OUT Ultra 尿素热解法能够毫无问题的对负荷变化在 5～30s 内做出响应。

（2）现场没有压力容器。

（3）能够使用高浓度尿素溶液（40%～50%），降低了喷射量。

（4）热解室为常压、高温（300～650℃）。

（5）需要另外的能量加热热解室。

（6）尿素还原剂全部反应，不会生成聚合物等副产物。

（7）需要非常良好的气流组织形式，对设计要求较高。

（8）对控制系统水平要求较高。

尿素制备系统由尿素储存和溶解系统、尿素溶液储存和输送系统及尿素分解系统组成。前两个系统组成尿素储存系统、供应系统（也称尿素溶解车间），作为公用系统单独布置。根据尿素制氨工艺的不同，尿素分解系统分为尿素水解系统和尿素热解系统两类。尿素水解系统可布置在尿素热解车间，可根据实际情况是否设置备用水解反应器。当尿素水解系统布置于锅炉 SCR 脱硝反应器区域时，应采用单元制模式。尿素热解系统一般应布置在锅炉 SCR 脱硝反应区域，采用单元制模式。

5.2.3 尿素存储、供应系统

5.2.3.1 系统概述

尿素存储、供应系统一般包括尿素颗粒储仓、袋式除尘器、斗式提升机、中间储仓、尿素溶解罐、尿素溶液混合泵、溶解车间地坑泵、尿素溶液储罐、尿素溶液输送泵等。

尿素颗粒经斗式提升机储存于储仓内，由尿素中间储仓输送到溶解罐里，用除盐水将干尿素溶解成 50% 质量浓度的尿素溶液，通过尿素溶液混合泵输送到尿素溶液储罐。对尿素水解系统，储罐尿素溶液经过尿素溶液输送泵将其送至尿素水解系统。对尿素热解系统,尿素溶液经过高压循环泵使尿素溶液不断地在尿素热解系统计量分配模块和储罐之间循环。

5.2.3.2 主要设备

1. 尿素储仓

可设置 2 套锥形底立式尿素筒仓,总体积要至少满足全厂所有机组 1～3 天用量要求,碳钢制造,锥形内衬不锈钢。筒仓设计考虑配备流化风或振动装置来防止尿素吸潮、架桥及堵塞。此外,还应配有袋式除尘器。

2. 斗式提升机

为每个尿素颗粒储仓配备 1 台斗式提升机,通过料斗将尿素颗粒从地面竖向提升至储仓。

3. 尿素溶解罐

可设置 2 只尿素溶解罐,采用中间储仓将尿素批量式输送到溶解罐,溶解罐总容积宜满足单班配制全厂机组 1 天的尿素溶液耗量。溶解罐应设置蒸汽加热系统,当尿素溶液温度过低时,蒸汽加热系统启动。溶解罐材料采用不锈钢。溶解罐除设有水流量和温度控制系统外,还采用尿素溶液混合泵将尿素溶液从储罐底部向侧部进行循环,并设置搅拌器,使其更好的混合。

4. 尿素溶液储罐

尿素溶液经由尿素溶液混合泵进入尿素溶液储罐。可设置 2 只尿素溶液储罐,储存罐的总储存容量为全厂所有 SCR 装置 BMCR 工况下 5～7 天的平均总消耗量。储罐采用不锈钢制造,为立式平底结构,装有液面、温度显示仪、人孔、梯子、通风孔及蒸汽加热装置等。

5. 尿素溶液混合泵

尿素溶液混合泵为不锈钢本体、碳化硅机械密封的离心泵,每只尿素溶解罐设 2 台泵,1 运 1 备,并列布置。此外,溶液混合泵还利用溶解罐所配置的循环管道将尿素溶液进行循环,以获得更好混合。

6. 加热蒸汽及疏水回收系统

尿素溶解罐、尿素溶液储罐采用蒸汽加热，加热系统的疏水可用于配制尿素溶液或用作尿素溶液管道伴热。

7. 尿素溶液输送泵（尿素水解系统）

可为 2 台机组设置 1 套尿素溶液供应装置，为 2 台锅炉的脱硝装置供应尿素溶液。供应装置包含 2 台全流量的不锈钢离心泵（带变频器）、1 套内嵌双联式过滤器等。

8. 尿素溶液循环装置（尿素热解系统）

为 2 台机组设置 1 套尿素溶液供应与循环装置，每套尿素溶液循环装置包含 2 台全流量的不锈钢离心泵（带变频器）、1 套内嵌双联式过滤器、1 只背压阀及用于远程控制和监测循环系统的压力、温度、流量等仪表。尿素溶液循环装置使尿素溶液不断地在计量分配模块和储罐之间循环。该装置具有如下多个功能：①提供尿素溶液通过计量分配模块输送到喷射区域所需压力。②过滤尿素溶液以保证喷射装置的稳定运行。③补充溶液输送途中损失的热量以防还原剂结晶。

5.2.3.3 尿素分解系统

1. 尿素水解系统

尿素水解系统包括尿素水解反应器模块、计量模块、疏水箱、疏水泵、废水箱、废水泵等。

浓度约 50%的尿素溶液被输送到尿素水解反应器内，饱和蒸汽通过盘管的方式进入水解反应器，饱和蒸汽不与尿素溶液混合，通过盘管回流，冷凝水由疏水箱、疏水泵回收。水解反应器内的尿素溶液浓度可达到 40%～50%，汽液两相平衡体系的压力为 0.48～0.6MPa，温度约为 150～170℃。水解反应器中产生出来的含氨气流首先进入计量模块，然后被锅炉热一次风稀释，最后进入氨气-烟气混合系统。

尿素水解系统布置于锅炉 SCR 脱硝反应器区域时，每台锅炉设置 1 台

水解反应器，在水解反应器附近布置 1 台疏水箱和 2 台疏水泵（1 运 1
备）。每台水解反应器设置 1 台废水箱和 1 台废水泵用于水解反应器压力
泄放及排污，废水箱内溶液将不再返回水解反应器，废水箱和废水泵应采
用不锈房。

当尿素水解系统布置在尿素溶解车间时，应将水解反应器泄放阀开启
时排出的反应器内液体导入尿素溶液储罐。反应器内液体会被尿素溶液储
罐内的尿素溶液吸收，该过程中氨气释放量极少，不会造成风险。

2. 尿素热解系统

尿素热解系统包括计量分配装置、电加热器、绝缘分解室等。尿素溶
液经过由计量分配装置、尿素溶液喷射器等进入绝缘分解室，与电加热器
出口的高稀释空气（650～700℃）混合并分解，生成 NH_3、H_2O 和 CO_2，
分解后的混合均匀产物送往氨喷射系统。热解炉后的气氨输送管道将保温，
保证氨喷射系统前的温度不低于 300℃。

（1）计量分配装置。计量分配装置用丁精准测量并独立控制输送到每
个喷射器的尿素溶液。该装置将响应电厂 DCS 提供的氨还原剂需求信
号。分配模块控制通往多个喷射器的尿素和雾化空气的喷射速率、空气和
尿素量，最终得到适当的气/液和最佳的氨还原剂。每台炉设置 1 套计量分
配装置。

（2）电加热器。尿素热解用高温空气取自空气预热器出口热一次风，
经过电加热器加热到 650～700℃，然后进入绝缘分解室将雾化后的尿素溶
液分解。每台绝热分解室设 1 台电加热器。

（3）绝热分解室。每台锅炉设 1 套尿素溶液绝缘分解室，每套分解室
配有尿素溶液喷射器（316L、不锈钢），喷射器通过热解室侧面插入。尿
素溶液由喷射器雾化后喷入分解室，在 650～700℃的高温热风/烟气条件
下，尿素液滴分解成 NH_3、H_2O 和 CO_2。每台热解炉出口至 SCR 反应器管
道配有测量装置及相应的调节阀门，满足两侧反应器用氨量的不同。

5.2.4 液氨制氨系统

液氨制氨系统一般包括两台卸料压缩机，两只液氨储罐、两台液氨泵、三台液氨蒸发器、两只气氨缓冲罐、一只液氨稀释槽、一个地下废水池、两台废水泵、消防与喷淋系统，以及电子控制间（含配电室）等。

火电厂外液氨由灌装槽车运至装卸区，液氨储罐内的气氨经卸料压缩机单级增压除油后压入槽车，槽车内液氨在差压下流入液氨储罐。液氨储罐的火灾危险性级别为乙类，建筑物的耐火等级按二级考虑，储罐四周设有 1.0m 高实体围堰防止事故时氨流延。根据电厂容量，设几个液氨储罐，按一周左右最大耗量储存。储槽上应安装有超流阀、止回阀、紧急关断阀和安全阀为储槽液氨泄漏保护所用。储槽还装有温度计、压力表、液位计、高液位报警仪和相应的变送器将信号送到脱硝控制系统，当储槽内温度或压力高时报警。储槽设有遮阳棚防太阳辐射措施，并防止顶部氨气的聚集。

液氨通过势能差或氨泵进入液氨蒸发槽内，通过低压蒸汽或电加热器加热气化为氨气，一定压力的氨气进入缓冲槽，调配压力为 0.2～0.3MPa，通常在液氨蒸发器下游设 2 台气氨缓冲槽，用于提供稳定压力的气氨，气氨压力约为 0.2MPa。

利用稀释风机供应的空气将气氨稀释成氨体积含量小于 5%的混合气体，经由氨喷射装置进入烟道参与脱硝反应。每台锅炉设两台稀释风机，一运一备。每台锅炉设 2 套氨/空气混合系统，分别用于氨与稀释空气的混合。

稀释风机能使锅炉在 50%～100%BMCR 负荷下正常运行，并备有一定裕度，风量裕度不低于 10%，风压裕度不低于 20%。

液氨储罐、液氨蒸发槽及气氨缓冲槽均设有安全阀和排放阀，卸氨、检修以及紧急排放的氨气及残氨由封闭管道进入氨气稀释槽吸收，吸收废液经溢流管排入氨区废水池。

废水池内的废水达到一定的 pH 值或者液位后，经由虹吸式废水泵送至厂区处理站。

为避免氨气与空气混合达到爆炸范围，在整个液氨储存、蒸发器、缓冲槽及相关的管路系统上设有氮气吹扫接口，用于在系统检修或重新启用前，通过氮气将管路内的空气置换出来，达到安全混合气体中的 O_2 浓度小于 3%。

氨区部分管道系统需要露天布置，为提高管道及连接管头的密封性和抗腐蚀能力，与氨接触的管道及阀门全部采用不锈钢材料。

为氨区配置必要的火灾监控和消防控制系统，并纳入厂区现有火灾监控和消防控制系统。

氨区储存区应设置消防车道或设置可供消防车通行的且宽度不小于 6m 的平坦空地，配有防火防爆措施，配备相应品种和数量的消防器材。场地周围有围栏防止人员进入，围栏上应有警告标志，场地内设有自动检测氨气装置、报警装置、水喷淋装置、冲洗装置、安全信号指示器、逃生风向标。

液氨储存、制备系统及相关管道、阀门、法兰、仪表、泵等设备选择时，满足抗腐蚀要求，并采用防爆，防腐型户外电气装置。

5.3 脱硝还原剂的选择建议

因其优越的安全性，尿素制氨工艺在 SCR 脱硝工程中得到广泛的重视。不同的尿素制氨工艺各有特点，用户可根据自身情况选用。从运行成本来看，从低到高依次为液氨系统、尿素水解系统、尿素热解系统；从投资成本来看，从低到高依次为液氨系统、尿素热解系统、尿素水解系统。若能有效降低投资造价，尿素水解制氨系统仍是一个有吸引力的选择。

　　综上所述，建议对于大机组，由于还原剂用量大，采用液氨制氨系统较节省总体成本，但需考虑液氨保存区为危险工作场所。若为安全考虑，可采用尿素制氨系统，对于小机组，建议首选氨水制氨系统，其次可选用尿素制氨系统，但尿素制氨系统操作成本较高。

第6章

脱硝系统调试与性能试验

使用液氨作为还原剂的脱硝系统,其主要分系统包括氨区和SCR反应区;使用尿素作为还原剂的脱硝系统,其主要分系统包括尿素存储与制备区和SCR反应区。下面分别就各系统的调试过程和性能验收试验流程进行介绍。

6.1 氨区系统的调试

以某电厂600MW燃煤火电机组氨区的调试过程为例,介绍脱硝氨区系统的调试步骤和注意事项。依据《火力发电建设工程启动试运及验收规程》(DL/T 5437—2009)规定的要求,对电厂氨区进行调试,提出氨区主系统及其辅助系统的调整试验方法,并对设计院及供货方提供的运行参数进行适当的调整,提出比较适合实际情况的运行参数。

6.1.1 系统及设备概况

液氨储存、制备、供应系统包括液氨卸载鹤管、液氨卸载压缩机、储氨罐、液氨蒸发槽、氨气缓冲槽、氨气稀释槽、废水泵、废水池、洗眼器等。上述系统内,除液氨罐采用室外半露天布置外,其余设备均采用室内布置。此套系统提供氨气供脱硝反应使用。液氨的供应由液氨槽车运送,利用液氨卸载压缩机将液氨由槽车输入储氨罐内，储槽中的液氨靠重力和液氨泵（两种方式同时满足）输送到液氨蒸发槽内蒸发为氨气，经氨气缓冲槽来控制一定的压力及其流量，然后与稀释空气在混合器中混合均匀，再送达脱硝系统。氨气系统紧急排放的氨气则排入氨气稀释槽中，经水的吸收排入废水池，再经由废水泵送至废水处理厂处理。系统主要设备性能参数见表 6-1。

表 6-1   氨区主要设备一览表

序号	项目名称	规格型号	单位	数量	备注
1	卸载压缩机（含电动机）	活塞式，$Q=1m^3/min$，吸入压力 1.6MPa 时，排出压力为 2.4MPa	套	2	电动机防爆
2	液氨储罐	$\phi 3200$（内径）×13100（直段），容积 110m^3；设计压力 2.4MPa，设计温度 50℃；16MnR	台	3	
3	液氨泵（含电动机）	$Q=2m^3/h$，$P_H=0.5MPa$，$P_N=1.5kW$	台	3	电动机防爆
4	液氨蒸发槽	电加热式，蒸发能力 500kg/h（液氨走管程，管程设计压力 2.16MPa），蒸发器出口最高温度 50℃，蒸发槽设计温度 90℃，设计压力为常压	台	3	
5	氨气缓冲槽	$\phi 1500$（内径）×750（高），容积 3m^3；设计压力 1.0MPa，设计温度 80℃；16MnR	个	3	
6	卸载用万向充装管道系统	材质不锈钢	套	1	
7	氨气稀释槽	$\phi 2250$（内径）×2600（高），容积 10m^3；工作压力为常压，工作温度为常温；16Mn 加热盘管：SS304	台	1	冬季蒸汽加热
8	废水泵（含电动机）	液下泵，$Q=40m^3/h$，$H=60m$，$P_N=22kW$	台	2	电动机防爆

6.1.2 系统调试前应具备的条件

（1）废水系统和防腐蚀设施应全部完成施工，验收合格，具备使用条件。

（2）室内外照明、通信能满足调试工作的正常进行。

（3）现场应配备完善的消防器材和消防水源，并能随时投入使用。

（4）现场应配备必要的急救药品及防护用具，现场淋浴器能正常使用。

（5）所有有关设备均已完成安装工作，系统验收合格。

（6）所有泵、电动机等转动设备均已单体试运合格，所有阀门应严密不漏，并应做启闭试验，开、关灵敏，指示信号及反馈正确。

（7）系统所有管道和箱、罐等容器设备均冲洗干净，确保没有杂物进入设备。对所有管道及水箱等容器均水压、气压试验合格，单体试运合格。

（8）各系统管道、阀门及设备都按规定颜色涂漆，挂上正确的标志牌。所有备品备件齐全。

（9）与系统有关的电气设备（配电盘、操作按钮、指示表计）均应安装校验完毕，指示正确，操作灵敏，并能投入使用。电源线路接通，并已送到相应设备的接线端子排。

（10）与系统有关的电气、热工、化学仪表、安全阀及减压阀均应安装校调完毕，各种仪表能正常投入运行。

（11）压缩空气系统可正常运行，并通气吹扫干净。

（12）水源充足，水质符合要求。

（13）调试期间所需材料、药品准备齐全，并质量合格。

（14）所有电厂运行人员都经过岗位培训具备上岗条件，熟悉系统、设备性能。

6.1.3　调试工作程序及步骤

6.1.3.1　联锁保护和报警试验

1. 卸载压缩机启停试验

依次确认 1 号卸载压缩机、2 号卸载压缩机在 MCC 柜上启停正常，检查电动机电流、压缩机出口压力等是否正常；将 MCC 柜上"远控/就地"控制旋钮切至"远控"位，依次确认 1 号卸载压缩机、2 号卸载压缩机在

LCD 上启停正常；将两台卸载压缩机均切至"远控"位，在 LCD 启动 1 号卸载压缩机（2 号卸载压缩机），进行联锁保护和报警试验。

2. 废水泵启停试验

确认 1、2 号废水泵在就地控制柜和上位机上启停正常；将两台废水泵切至"远控"位，在 LCD 启动 1 号废水泵（2 号废水泵），进行联锁保护和报警试验。

3. 液氨蒸发器启停试验

确认 1、2、3 号液氨蒸发器在就地控制柜和上位机上启停正常；将三台液氨蒸发器均切至"远控"位，在 LCD 启动 1 号液氨蒸发器（2、3 号液氨蒸发器），进行联锁保护和报警试验。

4. 液氨泵启停试验

确认 1、2、3 号液氨泵在就地控制柜和上位机上启停正常；将三台废水泵切至"远控"位，在 LCD 启动 1 号废水泵（2、3 号废水泵），进行联锁保护和报警试验。

6.1.3.2 液氨卸载

1. 卸载前的准备工作

在卸载时，应放置好警示标志，以防他人的靠近。检查氮气瓶压力正常。检查眼睛冲洗设施是否完好。（手动测试）检查喷淋装置是否可用。（手动检测）检查防毒面具、防护手套和防护眼镜是否完好。检查两个储罐的液位，确定卸载到哪一个罐。按表检查阀门的位置情况（见表 6-2、表 6-3）。

表 6-2 卸载开始前应关闭的阀门

系统	位置	阀 门 名 称
装卸点	液体管线	管道装卸连接处手动截止阀（第二个手动截止阀为常开，以便检修第一个阀门），氮气手动阀
	气体管线	管道装卸连接处手动截止阀（第二个手动截止阀为常开，以便检修第一个阀门），氮气手动阀

系统	位置	阀　门　名　称
卸氨压缩机		1、2、3号压缩机进口手动截止阀，压缩机进口总手动截止阀，1、2、3号压缩机出口手动截止阀，压缩机至氨罐出口手动截止阀，压缩机至槽车出口手动截止阀
1号储罐		液氨进口气动球阀，液氨进口手动截止阀，液氨出口气动球阀，液氨出口手动截止阀，气氨进口气动球阀，气氨进口手动截止阀，气氨出口气动球阀，气氨出口手动截止阀，排污阀
2号储罐		液氨进口气动球阀，液氨进口手动截止阀，液氨出口气动球阀，液氨出口手动截止阀，气氨进口气动球阀，气氨进口手动截止阀，气氨出口气动球阀，气氨出口手动截止阀，排污阀
3号储罐		液氨进口气动球阀，液氨进口手动截止阀，液氨出口气动球阀，液氨出口手动截止阀，气氨进口气动球阀，气氨进口手动截止阀，气氨出口气动球阀，气氨出口手动截止阀，排污阀

表6-3　　　　　　　　　　　　卸载开始前应打开的阀门

系统	位置	阀　门　名　称
装卸点	液体管线	压力表阀
	气体管线	压力表阀
待卸载氨储罐		液氨进口手动截止阀，气氨出口手动截止阀，压力开关阀，压力表阀，气氨进口手动截止阀，液位计阀
喷淋系统		储罐喷淋隔离阀
仪表空气		仪表空气截止阀

2. 首次卸氨

若氨罐人孔已经打开，罐内充满了空气，此种情况下的卸氨应进行以下操作（以1号储罐为例）。

按以下顺序进行：

（1）按要求进行阀门检查。

（2）打开放空口的球阀，并且让罐充满水以排出罐内空气。

（3）然后关闭放空口向罐内充入氮气，打开排污阀。

（4）排净罐内积水，关闭排污阀。

（5）让罐内充满氮气，并检测置换是否合格。

（6）将液氨槽车开至正确的位置，关闭汽车引擎，连接好接地线。

（7）连接储运卡车和储罐。

（8）检查槽车和卸载系统的连接是否完好。

（9）用氮气检查卡车和卸载系统的连接处的密封性。

（10）打开压缩机至氨罐出口手动截止阀、压缩机至槽车出口手动截止阀和 1 号储罐气氨进口气动球阀。

（11）缓慢储运卡车气体连接切断阀，往罐内卸氨，通过排污口从底部排出氮气，使罐保持较低的压力，排出的气体通过一根管线导入到水池中。

（12）不断地往罐内充氨，直到氨气从排污口的管线进入水中，吸收用的水在开始时会变热，直到闻到氨的气味。

（13）关闭压缩机至槽车出口手动截止阀、1 号储罐气氨进口手动截止阀、1 号储罐气氨进口气动球阀、1 号液氨储罐的排污口阀门。

（14）完成以上过程后，罐内不会有氧气，仅有少量氮气。现在可以打开罐准备充氨。

3. 开始卸载工作（以 1 号储罐为例）

（1）打开液相管线。在气相管线和 1 号储罐的本地控制面板上打开液氨进口气动球阀；如果卸载安全报警系统没有启动且液位小于"HIGH"，阀门将会打开；缓慢打开液氨槽车上的液相连接阀；仔细观察液氨储罐和槽车的压力；当储罐与槽车的压差小于 0.2MPa 时，准备启动卸氨压缩机。

（2）启动卸氨压缩机（以 1 号压缩机为例）。打开气氨出口气动球阀、1 号压缩机进口手动截止阀，压缩机进口总手动截止阀，1 号压缩机出口手动截止阀；在本地控制面板上启动 1 号压缩机；现在卸载已经开始。压缩机的原料气来自储罐，氨气经压缩后进入液氨槽车，然后使液氨进入 1 号储罐；卸载过程密切注意：检查设备密封性，储罐液位和压力表读数，卸氨压缩机压力、温度等。

4.　停止卸载过程

按下 1 号压缩机的停止按钮，关闭管线卸氨液相管线上的球阀，关闭管线卸氨气相管线上的球阀，关闭 1 号储罐上液氨进口气动阀、手动阀，关闭 1 号储罐上气氨出口气动阀、手动阀，关闭 1 号压缩机进口手动截止阀、压缩机进口总手动截止阀、1 号压缩机出口手动截止阀、压缩机至氨罐出口手动截止阀，关闭液氨槽车上的液相切断阀，关闭液氨槽车上的气相切断阀。

5.　卸载停止后用软管清洗相连接管线

打开卸氨处液相、气象与槽车相连的排污阀，将软管中的氨气排放至氨气稀释槽；检查管道是否由于液氨的蒸发而变冷，一直要等到所有的液氨完全蒸发；然后关闭排污阀；打开氮气进气阀进行氮气置换，直至卸载臂中含有极少量的氨气；关闭氮气进口阀和排污阀；取下液氨槽车上的卸载软管；拆开接地线，松开刹车，开走氨车；移除警示标志。

6.1.3.3　蒸发器运行

1.　操作准备工作

检查阀门状态，并检查蒸发器乙二醇溶液的液位。

（1）蒸发器进出管线上的排污阀、加热溶液系统的排水阀必须关闭。

（2）所有压力表阀必须打开。

2.　开启蒸发器

开启蒸发器的加热装置；一直等到溶液温度达到设定的温度；打开蒸发器液氨进口气动切断阀几秒钟（约 0.5s），以提高压力；开启蒸发器液氨进口气动切断阀，蒸发器准备供给氨气到压力调节管线和 SCR 喷射器；启动 1 号液氨泵；投入供氨温度自动和压力自动。

6.1.4　调试仪器、测点布置

6.1.4.1　调试仪器

氨区调试所用仪器见表 6-4。

表 6-4   氨 区 调 试 所 用 仪 器

设备名称	型号及参数	单位	数量
氧量测试仪	测量范围 0～25%，分辨率 0.1%，精确度±5%	台	1

6.1.4.2 测点布置

氨区调试期间测点见表 6-5。

表 6-5   氨区调试期间测点表

测点	检测项目	检测周期
卸氨压缩机	温度	连续（仪表）
	压力	连续（仪表）
液氨储罐	温度	连续（仪表）
	压力	连续（仪表）
	液位	连续（仪表）
液氨蒸发器及氨缓冲罐	温度	连续（仪表）
	压力	连续（仪表）
	液位	连续（仪表）
液氨泵	压力	连续（仪表）
氨区	氨泄漏	连续（仪表）
废水池	液位	连续（仪表）
液氨系统	O_2	置换时（仪表）

6.2 尿素存储与制备系统的调试

以某燃煤电厂新建 2×660MW 机组尿素制备系统为例，介绍尿素存储与制备系统的调试流程。

6.2.1 尿素存储与制备系统概述

该工程采用尿素热解法制备氨，2 台锅炉的脱硝装置公用一套尿素储存、制备与供应系统。

尿素储存、制备与供应系统包括尿素装卸、尿素储存、斗式提升机、尿素溶解罐、尿素溶液输送泵、尿素溶液储罐、循环泵、背压控制阀及控制装置等。

尿素储存于储间，由斗式提升机输送到溶解罐里，用除盐水将干尿素溶解成50%质量浓度的尿素溶液，通过尿素溶液输送泵输送到尿素溶液储罐。尿素溶液经由循环泵、计量与分配装置、雾化喷嘴等进入绝热分解器内分解，生成 NH_3、H_2O 和 CO_2，分解产物与稀释空气混合均匀并喷入脱硝系统。系统主要设备参数见表 6-6。

表 6-6　　　　　　　　　　　尿素区主要设备参数

序号	项目名称	规格型号	单位	数量
1	尿素颗粒斗式提升机	提升量 20t/h，提升高度 10m，P=15kW	台	1
2	尿素溶解罐	立式，ϕ3.2m×5.1m（高），V=40m³	个	1
3	溶解罐搅拌器	P=5.5kW，搅拌转速 67r/min	台	1
4	溶解罐盘管式加热器	面积 25m²，加热管 DN25，长 250m	台	1
5	尿素溶解罐输送泵	Q=45m³/h，H=30m，P=7.5kW，不锈钢本体碳化硅机械密封的离心泵	台	2
6	尿素溶液储罐	立式，ϕ4.5m×6.5m（高），V=105m³	个	2
7	储罐盘管式加热器	面积 8m²，加热管 DN25，长 90m	台	2
8	尿素溶液循环泵	立式离心泵，不锈钢，Q=10m³/h，H=120m，P=7.5kW	台	2
9	配置车间地坑	3m×4m×2m	座	1
10	配置车间地坑泵	自吸泵，不锈钢，Q=25m³/h，H=40m，P=5.5kW	台	2
11	溶解罐抽风机	离心风机，Q=3000m³/h（标况下），全压 1000Pa，P=5.5kW	台	1
12	除盐水箱	立式储罐，筒体规格ϕ1.6×4.0m（高），有效容积 10m³	个	1
13	除盐水泵	Q=10m³/h，H=80m，P=7.5kW	台	2

6.2.2　调试内容及流程

6.2.2.1　联锁保护和报警试验

1. 尿素颗粒斗式提升机启停试验

（1）确认尿素颗粒斗式提升机在就地控制柜和上位机上启停正常。

（2）将尿素颗粒斗式提升机切至"远控"位，在 LCD 启动尿素颗粒斗式提升机，进行联锁保护和报警试验。

2. 尿素溶解罐系统附属设备启停试验

（1）确认尿素溶解罐系统附属设备在就地控制柜和上位机上启停正常。

（2）将尿素溶解罐系统附属设备均切至"远控"位，在 LCD 启动尿素溶解罐系统附属设备，进行联锁保护和报警试验。

3. 尿素溶液储罐系统附属设备启停试验

（1）确认尿素溶液储罐系统附属设备在就地控制柜和上位机上启停正常。

（2）将尿素溶液储罐系统附属设备均切至"远控"位，在 LCD 启动尿素溶液储罐系统附属设备，进行联锁保护和报警试验。

6.2.2.2　尿素溶液的制备

1. 尿素溶解前准备工作

（1）确认有足够袋装尿素。

（2）确认尿素溶解罐汽源和水源正常备用，系统畅通。

（3）溶解罐磁翻板液位计和液位变送器正常投入。

（4）尿素溶解罐液位为低位。

（5）尿素溶解罐和尿素溶液储存罐的各阀门正常，管道密闭无外漏，保温良好。

（6）尿素溶解罐搅拌电动机有合格足够的润滑油，搅拌电动机送电。

（7）明确配制尿素溶液的浓度在 40%～50% 之间。

2. 尿素溶解操作

（1）检查溶解罐底部放液门关闭。

（2）用冷渣器回水往溶解罐中注水，注到1200mm，记录补水量。

（3）辅汽至尿素溶解罐管道充分暖管后，开启供汽切断阀，用供汽手动总门控制进汽量，通入蒸汽加热。

（4）控制尿素溶解罐温度不得高于50℃，一般控制在35～45℃。

（5）启动搅拌电动机。

（6）向尿素溶解罐中逐步加入尿素颗粒，记录加入尿素质量和袋数，加料时注意不要让缝包线或包装袋碎片等杂物进入溶解罐。

（7）尿素溶解过程是吸热过程，尿素溶解后溶液温度会下降，根据溶液温度情况投入蒸汽加热，整个尿素溶解过程控制溶解罐溶液温度在35～45℃。

（8）加料完毕后，给料阀关闭，搅拌机自动运行20min停止，尿素完全溶解，溶解罐尿素溶液温度降至30～35℃。

3. 尿素溶液输送到存储罐操作

（1）检查待灌入的尿素溶液储存罐的罐顶入口门打开，底部排污门全关。

（2）检查尿素溶液溶解罐液位正常，符合补液条件。

（3）检查尿素溶液储存罐液位正常，符合补液条件（≤2500mm）。

（4）检查溶解罐尿素溶液温度正常，符合补液条件（≤60℃）。

（5）开启尿素溶液转移泵进出口管道阀门，向尿素溶液泵入口管道注入溶液。

（6）尿素溶液转移泵检查正常无故障，操作模式在远方控制，尿素溶液转移泵送电。

（7）待尿素溶液转移泵注满溶液放净空气后，关闭转移泵出口门，启动转移泵，出口门联开，往储存罐中输送溶液。

（8）尿素溶解罐液位低于500mm，停止尿素溶液转移泵。

（9）尿素溶液储存罐注到正常液位后，停尿素溶液转移泵，关闭尿素溶液转移泵出口阀门。

（10）调整辅汽至尿素溶液储存罐加热，保持罐内溶液温度在 35～45℃。

（11）若长时间停运尿素溶液转移泵，则应开启泵入口排污阀门，开启冲洗水阀门，冲洗 5～10min 后关闭冲洗水，关闭排污阀门。

6.3 SCR 反应器系统的调试

以某燃煤电厂新建 2×660MW 机组尿素–SCR 系统为例，介绍 SCR 系统的调试流程和注意事项。

6.3.1 SCR 系统概述

烟气脱硝系统采用日本 IHI 公司的选择性催化还原法（SCR）脱硝工艺对 2 台机组 100%烟气量进行脱硝处理。脱硝反应器布置在锅炉省煤器和空气预热器之间。脱硝系统不设置烟气旁路系统，不考虑省煤器高温旁路系统，采用双反应器，安装蒸气吹灰器和声波吹灰。在锅炉燃用设计煤种 BMCR 工况下处理全烟气量时的保证脱硝效率为 85%。脱硝装置在锅炉区间 30%～100%BMCR 负荷范围内正常工作。

吸收剂采用尿素热解制备氨气。当烟气温度在 320～420℃ 范围内时，烟气脱硝系统应能安全、可靠和连续运行。系统主要设备参数见表 6-7。

表 6-7 SCR 系统主要设备参数

序号	设备名称	规格型号	单位	数量	备注
一	氨喷射系统				
1	热解炉出口膨胀节	膨胀量 100mm		1	

续表

序号	设备名称	规格型号	单位	数量	备注
2	氨喷射格栅		套	2	
3	喷嘴	$\phi12$	个	1008	
4	管道、阀门	各种规格	套	1	
二	反应器本体系统				
1	反应器	8.91m×15.5m×12m	套	2	含整流器、密封
2	烟道系统				
2.1	进口烟道		套	2	
2.2	出口烟道		套	2	
2.3	导流板与静态混合器		套	2	
2.4	烟道膨胀节				
2.4.1	烟道进口膨胀节		台	4	
2.4.2	烟道出口膨胀节		台	4	
三	吹灰系统				
1	蒸汽吹灰器	耙式	台	12	含动力柜
2	吹灰蒸汽管路系统		套	1	
3	声波吹灰器	声波喇叭	台	20	
4	阀门及管路系统	不锈钢	套	1	
5	储气罐	$2m^3$	个	1	
6	仪用气管道及阀门		套	1	
四	尿素的喷射系统				
1	电加热器		套	1	
2	计量装置		套	1	
3	热解炉		套	1	
4	喷枪		套	1	
5	控制阀门		套	1	
6	相应管道及其附件		套	1	

6.3.2 调试内容及流程

6.3.2.1 联锁保护和报警试验

1. 氨喷射系统及其附属设备启停试验

（1）确认氨喷射系统及其附属设备在就地控制柜和上位机上启停正常。

（2）将氨喷射系统及其附属设备切至"远控"位，在 LCD 启动氨喷射系统及其附属设备，进行联锁保护和报警试验。

2. 尿素的喷射系统及其附属设备启停试验

（1）确认尿素的喷射系统及其附属设备在就地控制柜和上位机上启停正常。

（2）将尿素的喷射系统及其附属设备均切至"远控"位，在 LCD 启动尿素的喷射系统及其附属设备，进行联锁保护和报警试验。

3. 蒸汽吹灰器启停试验

（1）确认蒸汽吹灰器在就地控制柜和上位机上启停正常。

（2）将 12 台蒸汽吹灰器切至"远控"位，在 LCD 分别启动进行联锁保护和报警试验。

6.3.2.2 SCR 系统启动

1. 启动前的准备工作

（1）检查系统尿素溶液管道、辅助蒸汽管道、稀释用凝结水管道、压缩空气管道、冷却风管道，无破损不外漏。

（2）测量仪表正常无故障，阀门开、关调节灵活无故障，所有设备正常无故障，设备操作控制打到远方控制。

（3）投运喷枪的冷却风已投运。

（4）投运喷枪的尿素手动阀和压缩空气手动阀打开。

（5）有表计一次门开启，各流量计显示正常。

（6）查脱硝系统所有放水、排污门关闭。

（7）素溶液储存罐温度控制在 35～45℃，液位不低于 500mm。

（8）结水至脱硝系统供水减压阀前压力正常。

（9）启两台输送泵入口门，输送泵注满溶液后，两台变频尿素溶液输送泵送电备用。

（10）炉尿素溶液母管流量调节气动阀全关，炉前喷射系统的手动截止阀门全开。

（11）尿素溶液喷枪安装位置正确在推进状态，喷枪系统导通，雾化用压缩空气压力 0.4～0.75MPa。

2. 脱硝系统启动操作

（1）硝系统设备状态良好具备启动条件。

（2）素溶液供脱硝系统良好备用，系统导通，各尿素溶液储存罐液位正常，输送泵良好备用。

（3）冷却风和雾化空气：投入喷枪冷却风，打开锅炉脱硝用压缩空气手动总门。

（4）调节压缩空气阀开度，维持压缩空气母管压力在 0.55MPa 以上，调节每只喷枪压缩空气阀门开度，使得每只喷枪压缩空气压力在 0.5～0.75MPa 左右。检查喷枪安装位置正确，在推进状态。

（5）尿素溶液：开启稀释溶液供锅炉手动总门。

（6）开启稀释用凝结水供脱硝系统手动总门，待减压阀后起压逐步开大稀释用凝结水流量调整门，开启稀释溶液供各分离器切断阀，稍开稀释溶液供各分离器流量调节阀，让稀释用凝结水先从喷枪喷入锅炉。

（7）检查尿素溶液输送泵出、入口门已开启，开启泵体放空气门放净空气，见液关闭。

（8）启动尿素溶液输送泵，调节变频开度逐步增大转速，待泵启动后就地压力表见压再逐步加大输送泵的调节阀，调节阀开度根据流量计进行调整，尿素溶液与稀释用凝结水混合之后正常运行开始。

（9）稀释用凝结水流量与尿素溶液流量比例为 4:1，调整稀释尿素溶液浓度为 10%左右；稳定后将所有压力、流量调整门投入自动。

（10）查喷枪雾化和喷射效果良好，喷嘴连接处无滴漏现象。

（11）流量计显示正常。

6.3.2.3 脱硝系统停运

1. 脱硝系统停止（长期停运）

（1）检查溶液罐尿素溶液打空。

（2）检查储存罐液位到最低。

（3）停止尿素溶液变频输送泵，关闭尿素溶液母管上的气动调整阀；关闭尿素溶液去 1、2 号炉手动总门，关闭储存罐出口阀。

（4）开启稀释水手动门和相应联络门冲洗管路，运行 5～10min，这时 NO_x 排放浓度明显升高并趋于稳定，关闭稀释水调节阀和手动阀。

（5）开启压缩空气至脱硝系统吹扫手动门，对 1、2 号炉脱硝管道吹扫 5～10min。

2. 退出喷枪

（1）维持压缩空气吹扫 5min 后，关小单只喷枪压缩空气雾化门和冷却风门，随后马上抽出喷枪，然后全关压缩空气雾化门和冷却风门。

（2）喷枪不抽出时，严禁停止压缩空气和冷却风。

（3）事故情况下短时停运不需退出喷枪，但不能超过 24h 内。

3. 停压缩空气、冷却风

（1）检查喷枪全部退出。

（2）关闭压缩空气雾化总阀。

（3）关闭冷却风总阀门。

4. 切断脱硝系统水源、汽源和气源

（1）关闭脱硝系统的供水阀门。

（2）关闭脱硝系统的供气阀门。

（3）确认供水和供气阀门已关闭。

6.3.2.4 脱硝系统停运注意事项

（1）脱硝系统停运不超过24h，不需进行冲洗，不需退出喷枪。

（2）喷枪退出前，一定要确认无液体通入。

（3）一定要在喷枪退出后再断压缩空气和冷却风。

（4）脱硝系统全部停运后，所有尿素溶液罐全部放空时，一定要切断脱硝系统水源、汽源和气源。如储存罐存有尿素溶液，维持加热一路运行，防止溶液结晶。

6.4 脱硝系统性能试验

按照《燃煤电厂烟气脱硝装置性能验收试验规范》（DL/T 260—2012）及相关规程、标准、技术协议内容，对烟气脱硝装置各项性能指标进行测试，以检测烟气脱硝装置性能指标是否达到 DL/T 260—2012 及技术协议规范书中性能保证值的要求。

下面以某电厂 330MW 燃煤火电机组脱硝装置性能验收试验为例，介绍燃煤电厂脱硝系统的性能试验流程。

6.4.1 设备概述及主要性能指标

1. 锅炉设备

锅炉为哈尔滨锅炉厂生产的亚临界中间再热自然循环汽包炉；型号 HG1021/18.2-YM3；锅炉设有 SCR 脱硝装置；锅炉最大连续蒸发量 1021t/h，耗煤量 119.3t/h；锅炉运行方式为锅炉带基本负荷，也可以用于变负荷调峰。

2. 脱硝系统

该电厂 SCR 烟气脱硝装置于 2010 年投产，反应器采用"2+1"布置方式，初装两层板式 SCR 催化剂，催化剂由日本 BHK 公司生产。烟气脱硝 SCR 装置采用高灰型工艺，由福建龙净环保公司设计。本次改造新增催化剂模块与原催化剂规格统一，具有互换性。每台锅炉设两台 SCR 反应器，布置在锅炉省煤器和空气预热器之间，有关参数见表 6-8～表 6-10。

表 6-8　　　　　　　　　脱硝系统入口烟气参数

项　　目	单位	数据（湿基）	数据（干基）
省煤器出口烟气成分（过量空气系数为 1.2）			
CO_2	%	14.59	16.01
O_2	%	3.11	3.41
N_2	%	73.4	80.514
SO_2	%	0.06	0.066
H_2O	%	8.84	
锅炉不同负荷时的省煤器出口烟气量和温度			
项　　目	100%BMCR		100%ECR
	实际燃煤		实际燃煤
燃煤量（t/h）	133.7		128.9 128.9
烟气含氧量（%）	3.1		2.37
烟气压力（Pa）	−500		−500
实际湿烟气量（m^3/h）	3303386		3033190
标态湿烟气量（m^3/h）	1399453		1295790
烟气温度（℃，设计煤种）	365		360
烟气密度（kg/m^3）	0.551		0.552

表 6-9　　　　　　　SCR 脱硝装置的原设计性能参数

序号	项目	单位	性能设计值
1	脱硝效率	%	≥80
2	氨逃逸浓度	μL/L	≤3
3	SO_2/SO_3 转化率	%	≤1.0
4	单层压力损失	Pa	≤180

表 6-10　　　　　　　　　　原 两 层 催 化 剂 参 数

	参数		数值
1	板块宽度 a	mm	455
2	板块长度 L	mm	662
3	壁厚	mm	0.7
4	波宽	mm	21.13
5	波高	mm	4.66
6	节距	mm	7.10
7	几何比表面积	m^2/m^3	300
8	催化剂模块	长×宽×高	1.8m×0.9m×1.6m
9	催化剂模块数/层/侧	箱	48

3. 煤质参数

设计煤种神木煤，校核煤种为神木大混煤和山西大混煤，见表 6-11。

表 6-11　　　　　　　　　　设 计 煤 质 数 据 表

项目	符号	单位	煤种 1 神木 2 号 （主烧）	煤种 2 神木大混 1 号 （校核煤种 1）	煤种 3 山西大混 1 号 （校核煤种 2）
收到基碳分	C_{ar}	%	58.94	52.79	53.52
收到基氢分	H_{ar}	%	3.48	4.15	3.48
收到基氧分	O_{ar}	%	9.50	9.21	9.21
收到基氮分	N_{ar}	%	0.68	0.90	0.90
收到基硫分	S_{ar}	%	0.35	0.65	0.80
收到基水分	M_{ar}	%	16.20	19.50	9.50
收到基灰分	A_{ar}	%	11.37	12.80	22.59
干燥无灰基挥发分	V_{daf}	%	36.23	37.49	38.61
哈氏可磨性指数	H_{GI}	—	50	50	53
冲刷磨损指数	K_e	—	—	—	—
低位发热值	$Q_{net,ar}$	kJ/kg	22162.48	20754.0	20820.0
低位发热值	$Q_{net,ar}$	kcal/kg	5293.4	4957.0	4972.8

4. 点火及助燃用油

点火及助燃用油指标见表 6-12。

表 6-12　　　　　　　　点火及助燃用油指标

项目	指标	项目	指标
油种	0 号轻柴油	灰分	<0.025%
运动黏度（20℃时）	3.0～8.0mm²/s	十六烷值	>50%
恩氏黏度（20℃时）	1.2～1.67°E	机械杂质	无
10%蒸余物残碳	<0.4%	凝固点	≤0℃
酸度	10mgKOH/100ml	闭口闪点	≥55℃
硫含量	<0.2%	低位发热值 $Q_{net,ar}$	41863kJ/kg
水分	痕迹	比重（经验值）	0.83～0.87t/m³

5. 灰中氧化钙 CaO

灰中氧化钙 CaO 按设计煤种 28.9%设计。

6. 锅炉 BMCR 工况脱硝入口烟气中污染物成分

锅炉 BMCR 工况脱硝入口烟气中污染物成分（标准状态，干基，6%含氧量）见表 6-13。

表 6-13　　　　　　　　脱硝入口烟气中污染物成分

项　　目	单位	数据	
		实际燃煤	设计值
烟尘浓度	g/m³	4～14	14
NO_x（以 NO_2 计）	mg/m³	350～650	650
Cl（HCl）	mg/m³	50	50
F（HF）	mg/m³	25	25
SO_2	mg/m³	1850～2625	2625
SO_3	mg/m³	58～97	100

7. 吸收剂分析资料

脱硝系统用的还原剂为尿素,其品质应符合《尿素》(GB 2440—2017)技术指标的要求,详见表 6-14。

表 6-14 尿素(工业用)品质参数

序号	指标名称	单位	合格品	优等品
1	总氮(干基)	%	≥46.0	≥46.4
2	缩二脲	%	≤1.0	≤0.5
3	水分	%	≤0.7	≤0.3
4	铁	%	≤0.001	≤0.0005
5	碱度(NH_3计)	%	≤0.03	≤0.01
6	硫酸盐(以 SO_4^{2-} 计)	%	≤0.02	≤0.005
7	水不溶	%	≤0.04	≤0.005

6.4.2 脱硝装置性能保证值

催化剂加层后,SCR 反应器整体性能保证值要求如下:

1. NO_x 脱除率、氨的逃逸、SO_2/SO_3 转化率

在燃用锅炉设计煤种,BMCR 工况下,对 SCR 反应器整体 NO_x 脱除率、氨的逃逸、SO_2/SO_3 转化率指标要求。

所供催化剂安装投运后 3 个月内,各性能参数考核指标见表 6-15。

表 6-15 主要性能考核指标

性能考核指标	考核值	备注
NO_x 脱除率	≥90%	下限为最低性能保证值 NO_x 入口 650mg/m³
氨的逃逸	≤2μL/L	上限为最低性能保证值
SO_2/SO_3 转化率	≤1.3%	

2. 压力损失

从脱硝系统入口到出口之间的系统压力损失在催化剂加层后的性能考核试验时，整体压力损失不大于 500Pa（设计煤种，100%BMCR 工况）。

3. 新加层催化剂试验室检验性能保证值

新加层催化剂试验室检验性能保证值见表 6-16。

表 6-16　　　　　　　　新加层催化剂试验室检验性能保证值

性能保证指标	保证值	备注
NO_x 脱除率	≥90%	入口 NO_x 含量 650mg/m^3
氨的逃逸	≤2μL/L	
SO_2/SO_3 转化率	≤1.3%	
压降	≤500Pa	

4. 脱硝装置可用率

从首次注氨开始直到质保期验收前，新加层催化剂的可用率在不低于 98%。新加层催化剂可用率定义

$$可用率 = \frac{A-B-C}{A} \times 100\% \qquad (6-1)$$

式中：A 为脱硝装置统计期间可运行小时数；B 为机组处于运行状态，SCR 装置本应正常运行时，因新加层催化剂原因造成 SCR 装置不能运行的小时数；C 为经过运行调整后，SCR 装置效率低于 90% 运行小时数或 SCR 装置没有达到氨的逃逸率低于 2μL/L 要求时的运行小时数，或两者兼有的运行小时数。

5. 催化剂化学寿命

催化剂化学寿命是新加层催化剂第一次通烟气开始计算，暴露在烟气中的累计时间。催化剂的化学寿命不低于 24000h。

新增催化剂机械寿命不少于 8 年。

新加层催化剂应设计不少于 9 个可拆卸的测试条块,用于化学寿命内的所有活性检测,测试条块结构可参照原催化剂层测试条块结构设计。

6. 系统连续运行温度

在满足 NO_x 脱除率、氨的逃逸浓度及 SO_2/SO_3 转化率的性能保证条件下,应保证新加层后的 SCR 系统具有正常运行能力。

最低连续运行烟温:300℃。

最高连续运行烟温:420℃。

6.4.3　技术标准和规程规范

(1)《燃煤烟气脱硝技术装备》(GB/T 21509—2008);

(2)《燃煤电厂烟气脱硝装置性能验收试验规范》(DL/T 260—2012);

(3)《固定污染源排气中颗粒物测定与气态污染物采样方法》(GB/T 16157—1996);

(4)《固定源废气监测技术规范》(HJ/T 397—2007);

(5)《火电厂环境监测技术规范》(DL/T 414—2012);

(6)《火电厂大气污染物排放标准》(GB 13223—2011);

(7)《空气和废气监测分析方法(第四版增补版)》;

(8)《火电厂烟气脱硝催化剂检测技术规范》(DL/T 1286—2013)。

6.4.4　试验条件

1. 机组情况

该机组脱硝装置催化剂加层工程于 2015 年完成,脱硝装置优化调整及性能试验在该机组脱硝系统催化剂加层完成后 3 个月内进行。

2. 现场条件

试验期间,机组负荷按要求分别稳定在240、300MW,试验过程中锅炉运行方式未变。性能考核试验时机组负荷控制在 300MW,脱硝装置入

口烟气中 NO_x 含量控制在 $600\sim650mg/m^3$ 之间。

现场场地平整，照明充足，卫生、安全设施已投入正常使用。试验期间，燃用合同规定煤种，煤质基本不变，燃烧配比不变。各测试断面测孔已按要求装设，且各测孔易打开。烟气脱硝系统 DCS 表计显示正确，CEMS 工作正常。

3. 技术措施及交底

方案完整详细且经审批，就试验内容及安全注意事项，对试验人员及运行人员进行交底学习。

6.4.5 试验仪器、测点布置

1. 试验仪器

脱硝系统性能试验仪器见表 6-17。

表 6-17　　　　　　　脱硝系统性能试验仪器一览表

名　　称	用　　途
自动烟尘（气）测试仪	粉尘采样
多组分红外气体分析仪	现场烟气参数分析
电子天平	滤膜样品沉重
数显鼓风干燥箱	滤膜样品烘干
噪声仪	噪声测试
离子色谱仪	离子浓度测试
比表面积分析仪	催化剂比表面积测试
X 射线荧光光谱仪	催化剂元素分布测试
耐磨试验机	催化剂耐磨强度测试
柱轴弯曲试验仪	催化剂黏附强度测试
实验室烟气分析仪	催化剂工况试验烟气参数测试
氨在线监测仪	NH_3 在线监测

2. 测点布置

脱硝装置优化调整及性能试验需要测试的项目包括：脱硝反应器入口烟气量、入口烟尘含量、反应器进出口的 NO_x 浓度分布、出口 NH_3 逃逸浓度、SO_2/SO_3 转化率、系统阻力、烟气温度测试。脱硝装置性能试验测点布置如图 6-1 所示，测试内容及编号说明见表 6-18、表 6-19。

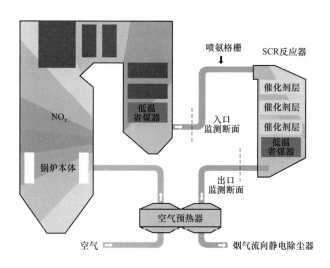

图 6-1　现场测量示意图

表 6-18　　　　　　　　　　　　试验测点及测量项目

测点	位置	数目	测　量　项　目
入口	SCR 入口竖直烟道	8×3	NO/O₂/T、SO₂/SO₃、系统阻力、烟气量、烟尘含量
出口	SCR 出口水平烟道	8×3	NO/O₂/T、SO₂/SO₃、NH₃、系统阻力

表 6-19　　　　　　　　　　　　试验测点编号说明

项目	编　号　名　称	说　明
测孔编号	A1、A2、…、A8，B1、B2、…、B8	测控处面向锅炉自左向右依次编号
测孔编号	T1、T2、T3	每一测孔由浅入深依次编号

6.4.6 试验内容、方法原理及流程

性能试验单位在试验条件具备时开始测试，并严格按照 DL/T 260—2012 要求进行试验。

6.4.6.1 试验内容

试验共分脱硝系统摸底测试及喷氨优化调整、性能考核试验、最大脱硝能力试验和催化剂取样模块试验四个部分。具体过程如下：

（1）摸底测试及喷氨优化调整。机组满负荷下调节喷氨量，使脱硝效率达到设计值，测量反应器进出口 NO_x，根据反应器出口截面的 NO_x 浓度分布情况，反复对脱硝入口的喷氨格栅的手动阀开度进行有针对性的调节，最大限度地提高反应器出口 NO_x 分布均匀性。初步评估脱硝装置的效率和氨喷射流量分配状况，并与在线 NO_x/O_2 分析仪表的 CEMS 显示值进行比较。

（2）性能考核试验。性能考核试验在喷氨优化调整后进行，机组满负荷下，控制脱硝反应器入口 NO_x 浓度在 $600\sim650mg/m^3$，设定脱硝效率在 90%以上。运行稳定后在脱硝反应器进出口测试平台同步进行脱硝效率、氨逃逸、SO_2/SO_3 转化率、系统阻力、温降等性能考核试验项目，相关试验内容见表 6-20。

（3）最大脱硝能力试验。在机组负荷稳定、锅炉运行方式不变的工况下，控制 SCR 入口 NO_x 浓度在 $450\sim500mg/m^3$ 范围内，由运行调整脱硝效率为 87%、89%、91%、93%，在不同脱硝效率下分别测试脱硝系统出口氨浓度，判断最大脱硝能力（氨逃逸浓度小于 $2\mu L/L$）。

（4）催化剂取样模块试验。①催化剂物理性能：几何尺寸、比表面积、孔容、孔径、黏附强度（板式）、磨损强度等；②催化剂化学性能：脱硝效率、氨逃逸、活性系数、SO_2/SO_3 转化率、系统阻力等；③催化剂组成分析：催化剂表面电镜分析与内部 XFR 分析，分析物质组成。

表 6-20　　　　　　　　　　　性能考核试验内容

序号	项目	
1	脱硝效率	脱硝系统处理烟气量
		进口 NO_x、O_2
		出口 NO_x、O_2
2	氨逃逸率	
3	SO_2/SO_3 转化率	
4	SCR 系统阻力	
5	脱硝装置氨耗	
6	速度最大偏差	
7	温度最大偏差	
8	SCR 入口截面的 NH_3/NO_x 摩尔比（根据进出口 NO_x 浓度计算）	
9	烟气温降	
10	主要作业区域噪声	

6.4.6.2　试验过程、方法及原理

在机组满负荷下进行脱硝系统摸底测试及喷氨优化调整、性能考核试验、最大脱硝能力试验。根据现场条件和性能测试要求，试验前由该电厂和性能试验单位双方确认试验开始时间。

1. 表盘仪表标定

在性能试验正式开始之前，先用标准气体对脱硝装置进、出口的烟气组分在线仪表进行标定，使各个表计处于正常的测试状态，然后利用现场的测试数据核对同时段在线仪表所采集的数据之间的偏差，从而得到在线仪表所采集数据的修正系数。

2. 喷氨优化调整试验

在机组负荷稳定，表盘脱硝效率大于或等于 90%，对各出口测点氮氧化物进行测试，根据测试结果调整氨喷射流量，减小各测点 NO_x 浓度相对标准偏差。

3. 性能保证值试验

在机组负荷满负荷下，表盘脱硝效率不低于设计值情况下，对性能试验各测试内容进行测试。

（1）脱硝系统处理烟气量。采用青岛崂应 3012H 烟尘（气）自动采样分析仪及配套的 S 型皮托管、热电偶、大气压力表等在脱硝装置入口烟道测量断面按照网格法测量烟气温度、平均静压、平均动压、大气压力等进行计算求出。

（2）脱硝装置入口烟尘浓度。采用青岛崂应 3012H 烟尘（气）自动采样分析仪在脱硝装置入口断面采用网格法进行监测，在测量断面测点处的网格点上按照等速采样方法逐点取样，每点采样时间为 30s，取样后将样品烘干并称重，采用重量法计算求出入口烟气含尘浓度。

（3）脱硝效率

$$\eta = \frac{C_1 - C_2}{C_1} \times 100\% \qquad (6\text{-}2)$$

式中：η 为脱硝效率，%；C_1 为 SCR 反应器入口处烟气中 NO_x 含量（6%O_2），mg/m^3；C_2 为 SCR 反应器出口处烟气中 NO_x 含量（6%O_2），mg/m^3。

含氧量测量方法：在脱硝装置入口、出口烟道测量断面按照网格法测量，将采样枪放入烟道中测量断面测点处的网格点上，抽取烟气，进行除尘、脱水处理后通过烟气分析仪，检测出各点 O_2 的瞬时浓度，同时根据检测到的 O_2 浓度，计算出 O_2 平均浓度和空气过剩系数 α。

NO_x 浓度测量方法：在脱硝装置入口、出口烟道测量断面按照网格法测量，将采样枪放入烟道中测量断面测点处的网格点上，抽取烟气，进行除尘、脱水处理后通过 NO_x 分析仪，检测出各点 NO_x 的瞬时浓度，同时根据检测到的空气过剩系数 α，计算出 NO_x 平均浓度和折算浓度。

（4）氨的逃逸率。氨的逃逸率是指在 SCR 反应器出口处氨的浓度，在脱硝装置出口烟道测量断面测量，将采样枪放入烟道中测量断面测点处，抽取烟气，使之通过装有稀硫酸的吸收瓶，带回实验室用离子色谱分析溶液中的铵离子浓度，根据采样体积等参数计算出烟气中氨的浓度。

（5）SO_2/SO_3 转化率。经过脱硝装置后，烟气中 SO_2 转化为 SO_3 的比率

$$(SO_2/SO_3)\% = \frac{SO_{3,o} - SO_{3,i}}{SO_{2,i}} \times 100\% \tag{6-3}$$

式中：$SO_{3,o}$ 为 SCR 反应器出口 SO_3 体积含量（$6\%O_2$），$\mu L/L$；$SO_{3,i}$ 为 SCR 反应器入口 SO_3 体积含量（$6\%O_2$），$\mu L/L$；$SO_{2,i}$ 为 SCR 反应器入口 SO_2 体积含量（$6\%O_2$），$\mu L/L$。

SO_2 浓度测量方法：在脱硝装置入口烟道测量断面测量，将采样枪放入烟道中测点上，抽取烟气，进行除尘、脱水处理后通过红外 SO_2 分析仪，检测出各点 SO_2 的瞬时浓度，同时根据检测到的空气过剩系数 α，计算出 SO_2 平均浓度和折算浓度。

SO_3 浓度测量方法：在脱硝装置入口、出口烟道测量断面测量，将采样枪放入烟道中测点上，用玻璃纤维滤筒进行等速采样，将样品带回实验室用离子色谱分析溶液中的硫酸根离子浓度，同时根据检测到的空气过剩系数 α、采样体积等计算出 SO_3 平均浓度和折算浓度。

（6）系统压损。在脱硝装置入口、出口烟道测量断面按照网格法测量，将采样枪放入烟道中测量断面测点处的网格点上，测试出各点的动压值和静压值，计算出脱硝系统阻力值。

（7）系统氨气平均耗量。用烟气进、出口浓度，氨气逃逸浓度和烟气量按以下公式进行折算。总包方应提供氨耗量随 NO_x 浓度及变化的修正曲线。

$$Q = V_m \times F \times \frac{C_{NO_x}}{M_{NO_2}} \times n \times 10^{-6} \tag{6-4}$$

$$n = \frac{M_{NO_2}}{M_{NH_3}} \times \frac{C_{NH_3}}{C_{NO_x}} + \frac{\eta}{100} \tag{6-5}$$

式中：Q 为氨气耗量，m^3/h；V_m 为标准状态下气体摩尔体积，$V_m=22.4L/mol$；F 为锅炉烟气流量（标准状况，干基，过剩空气系数 1.4），m^3/h；C_{NO_x} 为 SCR 反应器入口换算为 NO_2 的浓度（标准状况，干基，过剩空气系数 1.4），mg/m^3；M_{NO_2} 为 NO_2 的摩尔质量，g/mol；M_{NH_3} 为 NH_3 的摩尔质量，g/mol；n 为氨氮摩尔比（$6\%O_2$），$\mu L/L$；C_{NH_3} 为氨逃逸率（标准状况，干基，过剩空气系数 1.4），mg/m^3；η 为脱硝效率，%。

4. 脱硝催化剂理化特性

（1）微观结构（比表面积、孔容、孔径）。低温条件下，氮气在催化剂表面及内部孔道发生物理吸附，在吸附平衡条件下，催化剂样品的比表面积采用 brunauer-emmett-teller（BET）法测定；孔容则在吸附相对压力为 0.99 时，采用 t-plot 方法计算；孔径采用 barret-joyner-halenda（BJH）法测定。试样为研磨并混合均匀的催化剂粉末，所用仪器为美国康塔（Quantachrome）公司 Nova1200e 型比表面积分析仪。

（2）化学成分与微量元素。X 射线荧光光谱法（XRF）是利用不同化学元素发出的 X 射线特征波长和能量强度进行样品分析的，其中，特征波长用于待测元素种类的定性，能量强度则用于待测元素含量的定量。试样为研磨并混合均匀的催化剂粉末，所用仪器为荷兰帕纳特（PANalytical）公司 Axios mAx 型 X 射线荧光光谱仪。

（3）磨损强度。平板式催化剂磨损强度是指催化剂磨损前后质量损失的百分比，实验所用仪器为广东省东莞市高鑫检测设备有限公司生产的 GX-5027 型耐磨试验机，砂轮品牌规格为 TABER SC-10。试样规格 90mm×90mm，中间孔直径 8mm，砝码质量 2×0.5kg，砂轮转速 60.00r/min，转数设定 300r。

将试样经压缩气吹扫干净，置于 60℃烘箱内烘干 30min，再放置于干燥室冷却 30min 后称重。试样经耐磨试验机磨损后，再经压缩气吹扫干净，置于 60℃烘箱内烘干 30min，再放置于干燥室冷却 30min 后称重。所用电子天平感量为 0.01mg。

板式催化剂的磨损强度通过以下计算公式获得

$$\xi_{\mathrm{p}} = \frac{2 \times (W_1 - W_2)}{3} \tag{6-6}$$

式中：ξ_{p} 为板式催化剂的磨损强度，%/kg；W_1 为测试样品测试前质量，mg；W_2 为测试样品测试后质量，mg。

（4）黏附强度。板式催化剂的黏附强度是指催化剂受到弯曲压力或烟气脉动冲击力时，由活性物质组成的涂层黏附在金属基材表面的能力。试验所用仪器为上海普申化工机械有限公司的 QTY-32 型柱轴弯曲试验仪。试验轴棒选用 ϕ8mm，试样绕轴棒旋转 180° 后持续 2s。取板式部分，剪切为 90mm×50mm 规格制样。试验前，试样置于 60℃烘箱内烘干 30min，再放置于干燥室冷却 30min 后称重。试样经弯曲试验仪实验后，再经压缩气吹扫干净，置于 60℃烘箱内烘干 30min，再放置于干燥室冷却 30min 后称重。所用电子天平感量为 0.01mg。

板式催化剂的黏附强度通过以下计算公式获得

$$\lambda = \frac{m_1 - m_2}{m_1} \times 100 \tag{6-7}$$

式中：λ 为黏附强度，%；m_1 为测试样品测试前质量，g；m_2 为测试样品测试后质量，g。

（5）压降。压降于自制设备上测量，测试风温 350℃，风速 6.6m/s。

5. 脱硝催化剂工艺特性

在脱硝催化剂工艺特性试验中，控制进口 NO 浓度为 485μL/L，设定脱硝效率分别稳定在 95%（工况 1）和 87%（工况 2），在两种工况下进行活性、SO_2/SO_3 转化率及氨逃逸率的测试。

（1）脱硝效率。脱硝效率采用自制的模拟试验装置，包括气瓶组、气体混合加热器、模拟反应器和烟气分析仪等部件，试验样品采用全尺寸催化剂。

脱硝效率通过以下计算公式获得

$$\eta = \frac{C_1 - C_2}{C_1} \tag{6-8}$$

式中：C_1、C_2 分别为反应器进出口 NO 的浓度（标态、干基），mg/m^3。

（2）催化活性。催化活性反映了催化剂在脱硝过程的催化作用能力，在特定的条件下，指单位表面积催化剂所能处理的烟气量（m/h）。

催化活性是在脱硝效率实验的基础上，通过以下计算公式获得

$$K = 0.5 \times A_V \times \ln \frac{M_R}{(M_R - \eta) \times (1 - \eta)} \tag{6-9}$$

式中：K 为催化剂的活性，m/h；A_V 为面速度，m/h；M_R 为氨氮摩尔比；η 为脱硝效率，%。

（3）SO_2/SO_3 转化率。SO_2/SO_3 指在脱硝反应过程，烟气中 SO_2 被氧化成 SO_3 的体积浓度百分比。其中，SO_2 采用在线烟气监测仪分析。SO_3 采用化学吸收法分析，吸收液为浓度 80% 的异丙醇溶液，指示剂为 0.2% 钍试剂溶液。通过采气泵抽气，利用 3 只串联并置于冰浴中的异丙醇吸收瓶吸附烟气中的 SO_3，采样结束后，从吸收瓶中取一定量的吸收液转移至三角锥瓶中，加入 1～2 滴 0.2% 钍试剂溶液作滴定指示剂，并用 1.25mmol/L 的 $BaCl_2$ 标准溶液滴定至溶液由黄色变为粉红色终点。SO_2/SO_3 转化率通过以下计算公式获得

$$X = \frac{S_{3o} - S_{3i}}{S_{2i}} \tag{6-10}$$

式中：X 为 SO_2/SO_3 转化率，%；S_{3i}、S_{3o} 分别为反应器进、出口 SO_3 的浓度，$\mu L/L$ 或 mg/m^3；S_{2i} 为反应器进口 SO_2 的浓度，$\mu L/L$ 或 mg/m^3。

（4）NH_3 逃逸率。NH_3 逃逸率反映了脱硝反应器出口未参与脱硝反应的氨气体积浓度，所用仪器为美国 ESC 公司 Z-800XP 型氨在线监

测仪。

6.4.7 质量检查控制

（1）所选用的测试仪器设备满足分析方法、标准或规范的要求。

（2）所使用分析仪器均经过有关法定计量机构或其授权单位检定，在检定有效期内，不必检定的仪器设备均运转情况及使用功能正常。

（3）项目负责人在测试工作开始前，按测试方法和规范规定领出所需仪器设备，经检查功能均正常。

（4）试验过程中对烟气动压、流速等质量点进行控制。

（5）样品的收集、保存及运输，均按照有关监测和分析方法的规定进行，并由测试负责人保存。

（6）检测过程中没有出现异常现象或突发外界干扰。

（7）按照试验的要求留下必要的原始记录。

（8）试验负责人已对试验结果进行审核确认。

6.4.8 环境、职业健康、安全风险因素识别和控制措施

1. 环境、职业健康因素识别和控制措施

试验中产生的灰渣、废弃滤膜、废弃塑料瓶等固体废物，不随意丢弃，应分类收集后送废品回收站回收处理。试验产生的废液应统一收集，定期处理，防止对环境造成污染。

2. 安全风险因素识别和控制措施

测试前应检查测点处防护围栏是否按要求进行搭建，必要时系上安全带，以防止测试时发生高空坠落事故。测试时要注意测试仪器及配件的摆放，防止仪器及备件高空落物打伤他人。采样枪在测试时温度较高，一般为 300～400℃，测试人员要戴好石棉手套，以免发生烫伤事故。测试时要注意对工作人员的防护，避免高温、有毒烟气对人体造成伤害。

6.4.9　组织措施

（1）下列工作由电厂完成：

1）负责测孔丝堵的开启，临时工作平台的搭建；

2）负责试验前脱硝 CEMS 的校准；

3）负责测试时负荷及设备运行的稳定；

4）负责提供性能试验单位试验人员所需的设计参数及煤质等参数；

5）负责试验期间系统及设备消缺；

6）现场试验时电厂派一人负责联系配合。

（2）下列工作由性能试验单位完成：

1）试验方案编写，提供经过审批的试验方案；

2）试验仪器、试验人员等工作的准备；

3）现场测试、实验室分析；

4）数据整理及报告编写。

第7章

脱硝系统案例及故障处理

面对国内日益严峻的环保形势，国家发展和改革委员会、生态环境部、国家能源局于 2014 年 9 月 12 日联合发布了《煤电节能减排升级改造行动计划（2014—2020 年）》。该计划要求，"十三五"期间，火电厂大气污染物控制将全面实施超低排放，燃煤电厂排放的大气污染物质量浓度接近燃气轮机组排放限值，即烟尘、二氧化硫、氮氧化物的排放质量浓度分别达到 10、35、50mg/m³ 限值。燃煤电厂 SCR 脱硝系统运行过程中，脱硝系统可能会出现：①脱硝系统氨站输氨管道堵塞故障；②SCR 反应器积灰、磨损故障；③空气预热器堵塞故障等问题。

7.1 脱硝系统氨站输氨管道堵塞及 SCR 氨喷射系统故障

氨站及脱硝岛设备管路堵塞缺陷频繁发生，氨站堵塞严重时，对脱硝系统正常投运会造成严重影响。

7.1.1 堵塞部位及杂质分析

氨站内主要堵塞部位是出液氨管路上液氨流量调整门前后管路、蒸发器进口滤网及缓冲罐底部排污门。堵塞物初期为白色，在空气中停放一段时间后变为褐色，后期是红褐色，中间夹着一些白点，白点随着时间变化会消失，最终呈红褐色或灰褐色。通过对堵塞物进行水溶性物的离子组成和酸溶液成分试验，分析堵塞物中金属离子组成和结晶体检测。堵塞物主要由氧化铁（碳钢腐蚀产物）+氨基甲酸铵类（氨与二氧化碳等复合物）+系统残留杂质+液氨微量杂质组成。其中，铵类复合物造成碳钢的腐蚀是主要因素。

7.1.2　堵塞物成因分析

液氨为强碱性物，对碳钢的均匀腐蚀小，但液氨储罐在充装、排料及检修过程中，容易受空气的污染，空气中的氧和二氧化碳则促进氨反应生成氨基甲酸铵，氨基甲酸氨对碳钢有强烈的腐蚀作用，使钢材表面的钝化膜破裂，并在此产生阳极型腐蚀。腐蚀主要集中于设备内壁焊缝等应力集中区，破坏形式表现为典型的脆性裂纹特征，腐蚀产生的氧化铁堵塞氨系统管道。

7.1.3　处理措施

根据对堵塞物的成分及成因分析结果，为防止氨站及脱硝岛设备管路堵塞，制定如下措施：①液氨储罐出口至蒸发器管段和截止阀应使用不锈钢管；②在储罐出口管路上设置一组并联的篮式过滤器，过滤精度为 300 目；③加强氨站操作及检修的规范管理，要求尽量在卸氨前及检修前后进行氮气吹扫，以减少管路内空气进入造成的腐蚀。

7.2　SCR 反应器积灰、磨损故障

SCR 脱硝系统运行过程中，催化剂如果发生堵塞，则阻力会明显增加。由于阻力与流速的平方成比例，如在机组负荷相同的情况下，催化剂层阻

力增加 20%以上，则可推算出催化剂堵塞面积比例达 14%以上。催化剂堵塞和积灰将严重影响机组运行，当堵塞面积比例达 15%以上时，将会加剧催化剂流通部位的磨损，严重时将导致流通部位的催化剂磨穿。典型 SCR 反应器内催化剂积灰和催化剂磨损情况分别如图 7-1 和图 7-2 所示。

图 7-1　SCR 反应器现场积灰情况

图 7-2　SCR 反应器现场磨损情况

147

7.2.1　催化剂堵塞与磨损的主要原因

（1）流场不合理。如果脱硝装置流场设计不合理，进入反应器的烟气分布严重不均，导致偏向一侧的烟气流速过高，另一侧烟气流速过低，致使流速低的区域易积灰堵塞，流速高的区域催化剂磨损加剧。

（2）锅炉长期低负荷运行。如果锅炉长期低于 60% 负荷运行，烟气流速低，携灰能力降低，灰尘易在催化剂层沉积，增加催化剂堵灰的概率。另外，烟气流速低将导致水平烟道及导流板上的积灰加剧，从而改变烟气进入脱硝反应器的分布情况，恶化了催化剂层烟气流速的均布，低负荷烟气流速不均加速了低流速区域催化剂的堵塞。

（3）低温下脱硝运行。脱硝催化剂的活性与烟气温度相关，如果烟气温度低于设计值较多，催化剂的性能就受到较大影响。如果实际运行温度长时间低于最低连续喷氨温度（最低连续喷氨温度与烟气中 SO_3 的体积分数相关），极易在催化剂通道内形成硫酸氢铵，造成催化剂孔道的堵塞，从而导致催化剂单元及模块的堵塞，典型的现象是在催化剂尾端形成钟乳石状的堵塞物。低温下脱硝装置应该严格按照催化剂供货商（或脱硝工程公司）提供的运行指导要求运行。

（4）烟气中存在爆米花灰。如果烟气中存在爆米花灰，由于部分爆米花灰的粒径大于催化剂孔径，爆米花灰就会卡在催化剂模块顶层的钢丝网上，从而导致催化剂层堵塞，造成流通区域的流速加大，最终导致催化剂层部分区域堵塞，部分区域磨损和磨穿。对于存在爆米花灰的锅炉，可采用在省煤器出口烟道加装滤网的方式进行控制；另外，省煤器出口灰斗和脱硝装置入口烟道上的灰斗（特殊设计）对爆米花灰也有一定的捕集作用，机组运行时要确保灰斗正常输灰。

（5）黏附性强的烟尘。烟尘中碱性金属氧化物（如 K_2O 和 Na_2O）含量较高时，烟气黏附性强，较易黏附在烟道及反应器内的支撑管、支撑梁、导流板以及催化剂表面，支撑梁上的积灰积聚到一定高度时塌落，极易造成催化剂层的堵塞。

（6）吹灰器吹灰效果差。脱硝装置催化剂层的吹灰装置通有声波吹灰器、蒸汽吹灰器和吹灰炮。声波吹灰器的工作原理是通过声波的作用使灰振动，靠烟气的流动带走烟尘，如果声功率达不到设计值则吹灰效果会明显减弱；蒸汽吹灰器的工作原理是依靠蒸汽的喷吹将灰吹走，如果蒸汽压力和流量达不到设计值则会影响吹灰效果，蒸汽吹灰器的安装高度对吹灰效果也有很大影响；吹灰炮是通过压缩空气的喷吹将灰吹起来，依靠烟气的流动带走，其喷口的位置和空气压力对吹灰效果影响较大。

（7）催化剂的性能。燃煤机组常用催化剂主要有蜂窝式和板式。如果催化剂化学性能较差，失活较快，很难保证化学寿命；另外，运行时为了保证脱硝效率需加大喷氨量，极易造成氨的过量喷入并增加氨的逃逸，加剧空气预热器的堵塞概率。如果机械性能较差，蜂窝式催化剂则易磨损和磨穿，板式催化剂易脱落，从而影响化学性能。

7.2.2　SCR 反应器积灰、磨损情况处理措施

（1）对 SCR 反应器入口导流板合理布置，使反应器内流场均匀，防止烟气中的粉尘在低速流场区出现重力沉降。

（2）为有效清除颗粒状焦粒，建议在省煤器出口设置金属丝网拦截，并配备蒸汽吹灰器，定期进行吹灰，以防止金属网堵塞；另外在省煤器至脱硝入口烟道加装灰斗，使大颗粒的焦粒落入灰斗。

（3）在检修过程中发现吹灰死角，应加装声波吹灰器并加强声波吹灰器的定期维护，将声波吹灰器列入定期检修项目，定期对其检修维护。

（4）加大催化剂节距，或将蜂窝式更换为板式。

（5）在工字钢梁两侧加装钢板消除易积灰空间。

SCR 脱硝系统在运行过程中应制定相应的防止脱硝催化剂杜塞的技术

措施，及时监督跟踪催化剂差压变化趋势，控制喷氨量，增加声波吹灰器频次来防止和减轻催化剂堵塞的发生。

7.3 脱硝系统影响空气预热器堵塞故障

SCR 脱硝装置在设计、安装、运行时出现了催化剂磨损、失活、表计不准、氨过喷等问题，综合体现在机组空气预热器出现堵塞。

7.3.1 空气预热器堵塞现象及危害

空气预热器发生堵塞表现为一次风、二次风风压增大，炉膛负压难以维持，并出现摆动现象，摆幅逐渐加大，且呈现周期性变化，其摆动周期与空气预热器旋转一周的时间恰好吻合，严重时导致送、引风机发生喘震，引风机无调节余量，影响到燃烧自动装置的投入。空气预热器堵塞后会造成锅炉排烟温度升高，热风温度下降，风、烟系统阻力上升，一次风、二次风正压侧和烟气负压侧的压差增大，增加了空气预热器漏风。堵塞严重时影响锅炉的满负荷运行。

另外，由于空气预热器的堵塞和低温腐蚀是互相促进的，空气预热器堵塞加速了烟气中了硫酸蒸汽的凝结，加快空气预热器的低温腐蚀，致使空气预热器换热元件严重损坏，增加了设备检修维护费用。国内大部分机组燃煤条件较差，超低排放改造后空气预热器堵塞现象将变得更加普遍。图 7-3 为机组空气预热器堵塞情况。从图 7-3 中可以看出：堵塞物的特征是呈黑色、质地较硬，与蓄热片黏附能力较强，堵塞物通过人工很难除去。

7.3.2 空气预热器堵塞原因分析

从空气预热器的冷端、热端蓄热片上取出堵塞物样品，采用离子色谱仪对样品进行分析，发现：空气预热器冷端样品富含 NH_4^+ 和 SO_4^{2-}，因此，空

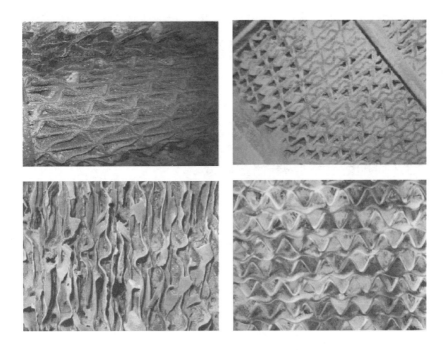

图 7-3　典型机组空气预热器堵塞情况

气预热器堵塞是由逃逸 NH_3 和烟气中的 SO_3 造成的。且样品中 n（NH_3）：n（SO_3）约为 1，与硫酸氢氨（NH_4HSO_4，ABS）中 n（NH_3）：n（SO_3）接近，说明在一定的烟温条件下，逃逸 NH_3 与烟气中的 SO_3 反应生成 ABS，ABS 一般在 146～207℃ 呈液态，液态的 ABS 黏附在空气预热器蓄热片上，包裹烟气中的飞灰，固化在蓄热片上造成空气预热器堵塞。

在火电厂空气预热器烟气环境下，SO_3 和 NH_3 会发生以下两个反应生成硫酸铵和硫酸氢铵

$$2NH_3+SO_3+H_2O \longrightarrow （NH_4）_2SO_4=\text{ammonium sulfate（AS）} \qquad (7\text{-}1)$$

$$NH_3+SO_3+H_2O \longrightarrow NH_4HSO_4=\text{ammonium bisulfate（ABS）} \qquad (7\text{-}2)$$

根据式（7-1）、式（7-2），液态 ABS 的生成量由烟气中的 SO_3 浓度、氨气浓度、H_2O 浓度、反应温度决定，烟气中的 SO_3 来自入炉煤中的硫，在炉膛高温、SCR 催化剂的催化作用下生成 SO_3，烟气中的氨主要是逸氨，

烟气中的水来自煤中含水、空气含水、燃烧反应生成的水，ABS 的物理状态与 ABS 的物理特性、烟气条件有关，一般在 146～207℃呈液态，当燃煤条件一定时，烟气中水蒸气含量、ABS 的物理状态很难改变，因此空气预热器堵塞治理技术路线为降低氨逃逸率、降低烟气中 SO_3 浓度、改变烟气温度，避开液态 ABS 形成的温度区间。

7.3.3　防止空气预热器堵塞对策

（1）空气预热器堵塞是由硫酸氢氨和硫酸的沉积造成的，建议防止空气预热器堵塞技术路线：降低氨逃逸，降低烟气中 SO_3 的浓度，使烟气不具备硫酸氢氨和硫酸形成的环境条件温度。

（2）通过配煤掺烧降低入炉煤含硫量、在烟道内喷射碱性物质吸附烟气中的 SO_3，降低烟气中的 SO_3 浓度。

（3）由于脱硝催化剂的催化氧化作用，使烟气中 SO_3 的浓度增加约一倍，原来基于煤质分析计算酸露点的方法很难适用安装脱硝机组，建议电厂和设计厂家重新评估入炉煤的酸露点，优化空气预热器设计、运行，改变暖风器、热风再循环投运条件。

（4）根据目前机组运行状态、脱硝装置的设计、安装、监测设备水平，氨逃逸很难控制，建议加强对脱硝装置设计的审核，例如根据实际条件进行数模计算，选择高精度、技术成熟的氨逃逸监测装置和高质量、调节特性较好的喷氨调门，同时，应定期对测量仪表进行定期校验工作，降低氨逃逸。

（5）从空气预热器设计上，冷段高度的设计应充分考虑机组低负荷、冬季机组排烟温度低的情况，避免在空气预热器热段和冷段之间的区域堵塞，同时，空气预热器吹灰设计可以考虑蒸汽吹灰与其他吹灰方式与组成联合吹灰，降低空气预热器堵塞；空气预热器堵塞位置具有区域性特点，在运行过程中，应根据空气预热器不同位置堵塞程度的差异，适当调整吹灰步长和频次，避免堵塞严重区域出现；从日常维护上，提高空气预热器检修质量，特别是蒸汽吹灰管的检修、维护，避免出现喷嘴偏斜。

7.4 典型脱硝系统故障案例分析

某电厂为满足《火电厂大气污染物排放标准》（GB 13223—2011）要求，2013 年先后更换了 1、2 号机组脱硝装置的催化剂，2014 年 1 号机组小修时发现 1 号机组脱硝装置右侧催化剂损坏严重。

在听取电厂锅炉专责和环保专责 1 号机组脱硝装置故障情况的整体介绍后，对 1 号机组锅炉、脱硝吹灰器及省煤器灰斗的运行情况进行了现场调查分析。

7.4.1 故障情况

1 号机组脱硝装置的催化剂采用"2+1"模式，2013 年 1 号机组催化剂更换后至今，机组运行较稳定。右侧上层催化剂各部位均有损坏，损坏程度约 30%，催化剂损坏严重部位存在塌陷现象；下层催化剂的损坏程度较上层轻，下层催化剂的炉前侧、炉后侧比其他部位损坏程度小，中间部位催化剂损坏较多。1 号机组脱硝装置右侧上层催化剂的损坏及塌陷情况如图 7-4 所示。

1 号机组脱硝装置吹灰有蒸汽吹灰和声波吹灰两种方式，每层催化剂装设有蒸汽吹灰器 3 台、声波吹灰器 5 台。脱硝装置吹灰主要采用声波吹灰，蒸汽吹灰每天吹灰一次。声波吹灰采用声波吹灰器定期轮换连续吹灰，吹灰时每层两台声波吹灰器同时运行。由于声波吹灰器的压缩空气缓冲罐原位于脱硝装置左侧，导致声波吹灰器右侧压力小于左侧。为减少压缩空气管道的阻力对声波吹灰器压力的影响，现已将声波吹灰器的压缩空气缓冲罐移至脱硝装置左右两侧的中间。

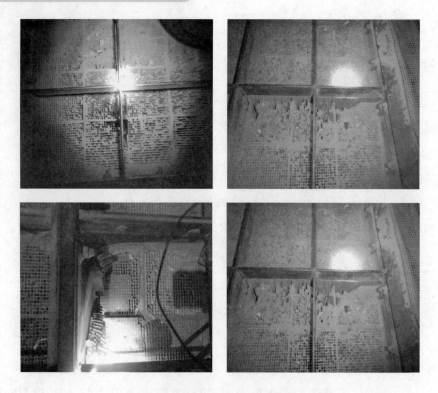

图 7-4　催化剂损坏现场图片

　　1 号机组省煤器的灰斗下灰一直不畅，存在省煤器灰斗满灰现象。其中左侧灰斗下灰效果较好；右侧灰斗下灰效果较差，灰斗满灰现象较严重，部分灰斗存在结块现象。1 号机组省煤器灰斗的飞灰结块情况如图 7-5 所示。

图 7-5　灰斗飞灰结块照片

1 号机组脱硝装置上层催化剂表面积灰严重，且颗粒大。上层催化剂积灰情况如图 7-6 所示。

图 7-6　催化剂上层积灰现场图片

7.4.2　故障原因分析

省煤器灰斗出现满灰时，烟气极易将灰斗顶部的粗灰带至脱硝装置内，并积聚在上层催化剂表面。特别是积聚在炉前侧催化剂表面的大颗粒灰距声波吹灰器较近，位于声波吹灰器吹灰端，声波吹灰器的吹灰能力较弱，声波吹灰器不能有效将炉前侧催化剂表面的大颗粒积灰吹走，导致炉前侧催化剂表面的大颗粒积灰不断积聚。当炉前侧催化剂表面的大颗粒积灰积聚一定高度时，声波吹灰器失去吹灰功能，导致飞灰在整个催化剂表面加快积聚，使催化剂表面的积灰面积越来越大。

随着上层催化剂表面的积灰不断增多，一方面，导致积灰面积越来越大，使催化剂表面的烟气有效通流面积越来越小，未积灰的催化剂表面烟气流速也越来越大，烟气通过催化剂时的摩擦力也随之增大，催化剂上端耐磨层的寿命随之降低，催化剂上端的磨损越来越严重。另一方面，上层催化剂表面的积灰面积越来越大，导致上层催化剂表面的积灰越积越厚，越来越重，当催化剂不能承受积灰的重量时最终导致催化剂塌陷。

7.4.3 故障处理措施

某电厂 1 号机组脱硝装置催化剂损坏的原因主要有以下几个方面：

（1）省煤器灰斗下灰不畅，使大量灰斗的粗灰被烟气带至脱硝装置内并积聚在催化剂表面，导致声波吹灰器不能及时将积聚在催化剂表面的粗灰吹走，是催化剂表面积灰的主要原因。

（2）随着上层催化剂表面积灰不断增多，一方面，导致未积灰的催化剂表面烟气流速增大，是催化剂上端耐磨损的直接原因；另一方面，随着催化剂表面的积灰面积增大，导致积灰厚度不断增加，积灰重量越来越重，是导致催化剂塌陷的直接原因。

（3）积聚在催化剂表面积灰结块，加剧了催化剂表面积灰，是催化剂表明积灰加速的主要原因之一。

与此同时，建议进行下述工作，保证机组长期稳定运行：

（1）尽快对省煤器灰斗下灰系统进行改造，确保灰斗下灰畅通，防止粗灰随烟气进入硝装置。

（2）及时更换耐磨层已损坏的催化剂和耐磨强度不够的催化剂。

（3）分析积灰结块原因并采取有效预防措施，防止催化剂表面的飞灰结块，降低催化剂表面积灰。

7.5　典型 300MW 机组 SCR 脱硝系统喷氨优化调整

7.5.1　喷氨调整目的

SCR 装置在设计阶段通过流场模拟通常可以达到进入顶层催化剂表面的烟气流场均匀。但由于省煤器出口烟气中 NO_x 分布本身不是很均匀，同时 SCR 入口氨喷射系统支管道本身阻力不同，导致反应器出口截面 NO_x 分布均匀性较差，进而导致 SCR 出口 CEMS 值与实际平均值偏差较大，表现为烟囱总排 CEMS 与 SCR 出口 CEMS 存在较大偏差。因此，在长期运行过程中有必要进行喷氨优化调整，调节入口氨喷射系统喷氨合理性，从而最大限度地实现出口截面 NO_x 分布的均匀性，避免局部区域氨逃逸过大；在提高氨利用率的同时，降低空气预热器硫酸氢铵腐蚀的可能性，避免影响机组安全运行。

2015 年 9 月以来，某电厂 300MW 机组烟囱总排口 CEMS 中 NO_x 浓度呈现大幅度波动现象（波动范围在 98～185mg/m³ 之间），同时 SCR 系统出口 A/B 侧 CEMS 中 NO_x 浓度的平均值与对应时间点烟囱总排口 CEMS 中 NO_x 浓度值相差 80～100mg/m³，存在显著差异。因此，以该机组作为研究对象，考察通过喷氨优化可以达到最佳 SCR 出口 NO_x 分布相对标准偏差水平，为其他同类型机组的喷氨优化调整提供实践参考。

7.5.2　优化调整的方法

7.5.2.1　SCR 氨喷射系统

该机组 SCR 装置采用典型喷氨格栅，单侧反应器入氨喷射系统沿宽度方向分为 6 组，每一组分为长、中、短 3 根喷氨支管，通过调整该 18 只喷氨支管开度，最终实现出口截面 NO_x 分布均匀性。

7.5.2.2 喷氨优化调整方法

喷氨格栅的优化调整试验通常选择在 100%锅炉负荷下进行，根据初次测得反应器出口截面 NO_x 分布情况，增大或减小对应出口截面区域的喷氨支管调阀开度，反复调整，最终实现出口截面 NO_x 分布相对标准偏差在 20%以内为宜。

相对标准偏差的计算方法如下：一般用出口 NO_x 浓度的偏差系数 C_v 表示，其值一般控制在 20%以内。其计算方法为

$$C_v = \frac{\sigma}{\overline{x}} \times 100\% \tag{7-3}$$

$$\sigma = \sqrt{\frac{1}{(n-1)} \sum_{i=1}^{n} (x_i - \overline{x})^2} \tag{7-4}$$

$$\overline{x} = \frac{1}{n} \sum_{i=1}^{n} x_i \tag{7-5}$$

式中：x_i 为脱硝反应器出口某一点的 NO_x 浓度；σ 为脱硝反应器出口 NO_x 浓度的标准偏差；$\overline{x}$ 为脱硝反应器出口处测量截面所有点的 NO_x 浓度的平均值。

满负荷设计脱硝效率测试，根据测试结果情况适当调整供氨支路阀门，并最终复测。

7.5.3 试验结果与分析

7.5.3.1 调整前 SCR 系统出口 NO_x 浓度分布

首先对机组 SCR 系统出口 NO_x 浓度分布进行测试，考察 SCR 系统出口 NO_x 浓度分布的均匀性，测点采用网格法（9×3）布置，横向每侧设置 9 个测孔，每个测孔纵向设置 3 个测点，测点均匀覆盖测试断面，各测点位置分布如图 7-7 所示。

调整前 SCR 出口 A/B 侧 O_2 和 NO_x 分布测试结果见表 7-1 和图 7-8、

图 7-9。

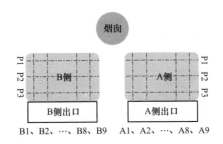

图 7-7　SCR 系统 NO_x/O_2 浓度测试测点布置图

表 7-1　　　　调整前 SCR 出口 A/B 侧 O_2 和 NO_x 分布测试结果

测试参数	A 侧 O_2 分布	A 侧 NO_x 分布	B 侧 O_2 分布	B 侧 NO_x 分布
总均值（O_2，%；NO_x，mg/m^3）	4.2	45	4.5	68
相对标准偏差（%）	21.42	61.56	20.73	69.57

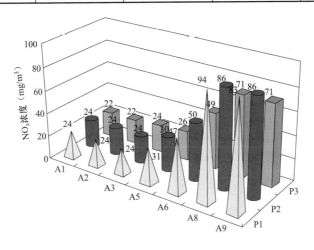

图 7-8　调整前 SCR 系统出口 A 侧 NO_x 浓度分布

从现场测试结果可以看出，A 侧和 B 侧的 O_2 相对标准偏差为 21.42% 和 20.73%，而 NO_x 浓度分布的相对标准偏差分别为 61.56% 和 69.57%，这表明调整前 NO_x 浓度分布非常不均匀，其中 A8、A9 和 B7、B8、B9 对应烟道区域内的 NO$_x$ 浓度显著高于其他区域。因此需要针对上述区域的喷氨格栅入口阀开度进行适当调整，以减小上述区域的 NO$_x$ 浓度，从而降低 A/B 侧 NO$_x$ 浓度分布的相对标准偏差。

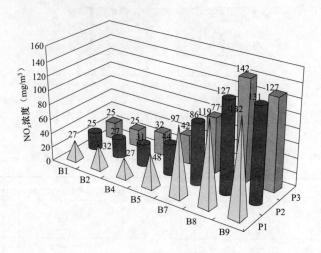

图 7-9　调整前 SCR 系统出口 B 侧 NO$_x$ 浓度分布

7.5.3.2　调整后 SCR 系统出口 NO$_x$ 浓度分布

根据前述 SCR 系统出口 NO$_x$ 浓度分布测试结果，将 A8、A9、B7、B8 和 B9 对应的喷氨调节阀门开度增大，从而加大对应位置断面的喷氨量，同时测量对应测孔位置的 NO$_x$ 浓度，直至 NO$_x$ 浓度降低到合理范围（调节完毕后，A8、A9 和 B7 对应喷氨调节阀门分别增加 2 格开度，B8、B9 对应的喷氨调节阀门则接近全开状态）。喷氨调整结束后，SCR 系统出口 NO$_x$ 浓度分布见表 7-2 和图 7-10、图 7-11。

表 7-2　　调整后 SCR 出口 A/B 侧 O$_2$ 和 NO$_x$ 分布测试结果

测试参数	A 侧 O$_2$ 分布	A 侧 NO$_x$ 分布	B 侧 O$_2$ 分布	B 侧 NO$_x$ 分布
总均值（O$_2$，%；NO$_x$，mg/m^3）	3.4	47	3.1	48
相对标准偏差（%）	7.07	15.34	7.26	21.84

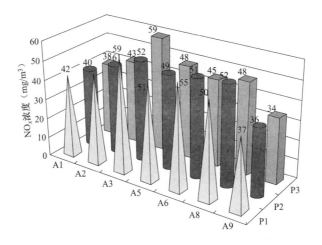

图 7-10　调整后 SCR 系统出口 A 侧 NO$_x$ 浓度分布

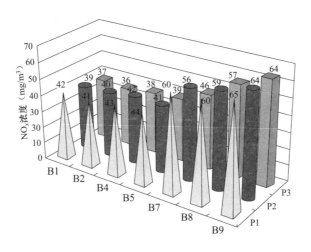

图 7-11　调整后 SCR 系统出口 B 侧 NO$_x$ 浓度分布

从调整后的测试结果可知，进行喷氨调整后，A/B 侧 O$_2$ 相对标准偏差分别为 7.07% 和 7.26%，这说明高负荷工况下，烟气气流具有较好的均布性；与此同时，A/B 侧 NO$_x$ 浓度分布的相对标准偏差相比调整前分别下降至 15.34% 和 21.84%，这说明喷氨调整有效降低了局部 NO$_x$ 浓度过高的问题，改善了 A/B 侧 NO$_x$ 浓度分布的均匀性，此时 A 侧 NO$_x$ 浓度已经达到均匀分布的范畴，但 B 侧由于 B8、B9 在最大喷氨工况下仍处于相对较高浓度，因此 B 侧 NO$_x$ 浓度离合理分布范畴还有一定距离。

7.5.3.3　故障诊断分析

1.　CEMS 监测值差异分析

经过数据整理与换算，SCR 出口 NO$_x$ 浓度实测值、SCR 出口 CEMS 和总排口 CEMS 的比较结果见表 7-3。

表 7-3　　调整前后 NO$_x$ 浓度实测值与 CEMS 测试值的比较

测试值	调整前		调整后	
	A 侧	B 侧	A 侧	B 侧
O$_2$（%）	4.2	4.5	3.4	3.1
NO$_x$（mg/m^3）	45	68	47	48
NO$_x$（mg/m^3，6%O$_2$）	40	62	40	40
NO$_x$ 平均值（mg/m^3，6%O$_2$）	51		40	
CEMS（SCR 出口）NO$_x$（mg/m^3，6%O$_2$）	26	37	31	28
CEMS NO$_x$ 平均值（mg/m^3，6%O$_2$）	32		30	
CEMS（总排口）NO$_x$（mg/m^3，6%O$_2$）	64～85		46～55	

从表 7-3 中结果可知，调整前 SCR 出口 A/B 侧测试 NO$_x$ 平均浓度与 SCR 出口 CEMS 监测浓度的差值分别为 25mg/m^3 和 14mg/m^3，调整后的差值分别为 9mg/m^3 和 12mg/m^3，可见经过喷氨调整，SCR 出口 CEMS 与实测值之间的差异得到明显改善；而 SCR 出口与烟囱总排口 CEMS 的差值也从调整前的 32～53mg/m^3 减小至 16～25mg/m^3，差异性得到显著改善。

该机组 SCR 系统出口 CEMS 测点设置在 A/B 侧出口烟道的中间位置（分别对应测孔 A4 和 B5），因此当 SCR 系统喷氨均匀性较差时，实际 SCR 出口 A/B 侧 NO$_x$ 浓度与 SCR 出口 CEMS 测试浓度之间存在较大差异，因此，为确保 SCR 出口 CEMS 的监测值能够真实反映实际 NO$_x$ 的浓度，应在可调整范围内，尽量保证 SCR 系统出口 NO$_x$ 浓度的均匀分布。

2．SCR 出口局部 NO$_x$ 浓度偏高的原因分析

经过实际测试，证明该机组 SCR 系统出口局部 NO$_x$ 浓度偏高，特别是当调整过程中将 B8、B9 对应喷氨调节阀门调整至全开状态，对应出口 NO$_x$ 浓度仍维持在较高范畴（57～65mg/m^3），因此，SCR 系统可能存在下述故障，导致出口 NO$_x$ 浓度局部偏高。

（1）SCR 进口 NO$_x$ 浓度局部偏高。可能 SCR 进口处由于锅炉燃烧等多方面原因，导致烟气进入 SCR 系统时，入口 NO$_x$ 浓度分布存在较大偏差，从而表现为局部 NO$_x$ 浓度过高。

（2）SCR 进口气流流速局部过高。可能由于 SCR 进口处气流均布性较差，存在局部气流流速过高，经过导流板进入第一层催化剂上层时仍未得到有效改善，从而在相同喷氨量工况下，局部烟气中 NH$_3$ 浓度相对较低，同时烟气在该区域所属催化剂层停留时间相对较短，反应时间不足，进而导致 SCR 出口对应区域 NO$_x$ 浓度偏高的现象。

（3）SCR 系统局部催化剂失活。由于经过 SCR 系统的烟气未经除尘处理，含尘量较高（通常为 15～27g/m^3 范围内），因此燃煤飞灰中的碱金属和砷化合物在催化剂表面的吸附结构中富集，在一定条件下将导致脱硝催化剂失活，丧失催化能力，SCR 系统局部区域 NO$_x$ 处理能力不足，从而表现为 SCR 出口局部 NO$_x$ 浓度偏高。

（4）喷氨格栅局部喷嘴堵塞。由于经过 SCR 系统的烟气含尘量高，在长期运行过程中，可能导致喷氨格栅中喷嘴的堵塞，造成相应区域烟气中 NH$_3$ 浓度过低，NO$_x$ 处理能力不足，进而导致 SCR 出口对应区域 NO$_x$ 浓度偏高的现象。

7.5.4 结论与建议

造成该机组 SCR 出口与烟囱总排口 CEMS 中 NO$_x$ 浓度监测值差异较大的主要原因如下：

（1）SCR 系统入口 NO_x 浓度分布相对标准偏差较大，导致局部 NO_x 浓度偏高现象。

（2）机组 SCR 系统出口 CEMS 测点位于系统中 NO_x 浓度偏低的区域。

该机组 SCR 系统出口与烟囱总排口 CEMS 中 NO_x 浓度监测值差异较大，还需注意以下几个方面：

（1）SCR 系统入口气流均布性。SCR 系统入口气流均布性较差，将导致局部气流速度过高现象。

（2）催化剂的活性。从实验数据分析，SCR 出口 NO_x 浓度偏高区域对应的催化剂层可能存在局部失活的现象。

（3）入口喷氨格栅喷嘴。SCR 出口 NO_x 浓度偏高区域对应的入口喷氨格栅喷嘴可能存在堵塞故障。

综合上述结论，提出下述优化建议措施；

（1）建议通过锅炉工况优化等手段，改善 SCR 系统入口 NO_x 浓度的均布性。

（2）后期大修技改期间，建议通过改良 SCR 系统入口导流设施，改善第一层催化剂上方气流分布的均匀性。

（3）后期停机检修期间，建议对催化剂失活状况进行排查，并取样进行催化剂活性检测。

（4）后期停机检修期间，建议检查喷氨格栅喷嘴是否存在堵塞，并对相关故障喷嘴进行清理。